돈가스
대돈여지도

출판사 클의 책을
만나보세요.

돈가스 대돈여지도
돈방구의 꼭 가봐야 할 전국 돈가스 맛집 100

1판1쇄 펴냄 2025년 12월 ??일

지은이 돈방구(이기웅)

펴낸이 김경태
편집 조현주 홍경화 강가연
디자인 박정영 김재현 │ **마케팅** 정현우 정보경 │ **사진** 돈방구(이기웅)
펴낸곳 (주)출판사 클
출판등록 2012년 1월 5일 제311-2012-02호
주소 03385 서울시 은평구 연서로26길 25-6
전화 070-4176-4680 │ 팩스 02-354-4680 │ 이메일 bookkl@bookkl.com

ISBN 979-11-94374-56-5 13980

돈가스
대돈여지도

돈방구의 꼭 가봐야 할
전국 돈가스 맛집 100

돈방구(이기웅) 지음

단지 돈가스가 좋아서

급식 돈가스에서 시작한 호기심이 전국 돈가스 맛집을 소개하는 책을 출간하는 길로 이끌었다. 학교 밖 돈가스가 얼마나 맛있을지 궁금했던 나는 고등학교 졸업 후 다양한 돈가스를 먹기 시작하면서 그 매력에 점점 빠졌다.

돈가스를 먹을 때마다 겉모습, 맛, 곁들임 등을 자세하게 기록했고, 실물과 가깝게 사진을 찍어두었다. 그 기록을 인스타그램에 꾸준히 올리다 보니 몇백 개가 쌓였고, 돈가스를 향한 진심이 통했는지 내 계정을 팔로우하는 사람들도 늘었다. 그 뒤로 네이버 지도를 활용한 전국 돈가스 맛집 모음인 '대돈여지도', 소통방인 카카오톡 오픈채팅방 '돈가방', 돈가스 맛집 지도와 후기를 한눈에 볼 수 있는 어플 '돈방구'까지 만들며 돈가스와 관련된 여러 활동을 했다.

단지 돈가스가 좋아서 길을 나섰던 건데 나의 '전국 돈가스 맛집'을 모은 《돈가스 대돈여지도》를 출간하게 되었다. 이 책은 지난 5년간 돈가스를 찾아서 걸었던 나날의 첫 매듭이다. 오직 기차와 버스를 타고 전국 방방곡곡을 돈아다니며 돈가스집이라면 일단 들어가보았다. 일식부터 경양식에 나아가 이색적인 돈가스까지 가리지 않고 먹어보며 자세히 기록했다.

쉽게 찾아갈 수 있도록 QR코드를 넣었고, 실제 방문하면서 체감했던 웨이팅 난이도도 적었다. 구체적으로 맛을 상상할 수 있도록 섬세하게 돈가스 맛을 표현하려 노력했으며, 각 가게마다 돈가스를 제대로 즐길 수 있도록 작은 팁도 놓치지 않고 수록했다. 기존에 가봤던 가게라도 가장 최신의 정보를 담기 위해 다시 찾아가기도 했다. 이 책과 함께 누구나 편하게 돈가스 가게로 발걸음을 내딛을 수 있기를 바란다.

돈가스를 5년 동안 꾸준히 찾아다닐 수 있었던 건 빵가루(팔로워 애칭) 분들 덕분이다. 전국을 돌아다니는 동안 여러 지역에 사는 빵가루 분들이 추천을 해주셨다. 한 곳씩 가보면서 더욱 풍부하게 《돈가스 대돈여지도》를 완성시킬 수 있었다. 이 책을 통해 빵가루 분들께 감사한 마음을 건넬 수 있어서 다행이다.

독자들이 이 책을 여행의 동반자처럼 들고 다니면 좋겠다. 한 곳 한 곳씩 살펴보면서 취향에 맞는 돈가스를 기억했다가 떠나도 좋고, 그날 손이 닿는 페이지가 바로 목적지가 되는 멋진 여정도 좋을 것이다. 그럼 이 책과 함께 돈가스를 향해서 떠나보자!

2025년 12월
돈방구

일러두기

- 이 책에 소개된 상호명과 메뉴명은 네이버지도 정보와 메뉴판을 참고해 각 가게에서 쓰는 이름을 기준으로 표기하였습니다. 그 외는 국립국어원의 외래어표기법을 존중하였습니다. 예를 들어, 일반적인 음식 이름은 돈가스로 표기하되 메뉴명을 가리킬 때는 가게에 따라 '돈카츠' '돈까스' 등으로 적었습니다.

- 운영 시간, 주소, 가격 등의 정보는 2025년 12월 4일에 네이버지도 정보를 기준으로 작성했습니다. 정보가 바뀌는 것을 대비해 네이버지도로 바로 연결되는 QR코드를 삽입했습니다. 가게 사정에 따라 운영 시간이나 가격 등이 바뀔 수 있으니, 방문 전 확인해보길 바랍니다.

- 웨이팅 난이도는 대기 시간이 30분 미만이면 '하', 30분–1시간 미만이면 '중', 1시간 이상이면 '상'으로 기입하였습니다.

차례

 서울

마포구 · 용산구

서초구 · 관악구 · 동작구

치즈돈가스 맛집

경양식 돈가스 맛집

가쓰돈 맛집

이색 돈가스 맛집

돼지고기 품종

- **YLD**: '요크셔+랜드레이스+듀록'의 품종을 합친 3원 교잡종이다. 시중에서 판매하는 가장 흔한 품종이다.
- **YBD**: '요크셔+버크셔+듀록'의 품종을 합친 3원 교잡종이다. 육색이 짙고 육즙이 풍부하다.
- **듀록**: 털색이 붉고 근내지방이 뛰어난 품종이다. 보수성(수분을 유지하는 능력)이 높고 수분이 많아서 육질이 부드럽고 촉촉하다.
- **버크셔**: 다리와 코, 꼬리가 흰색인 흑돼지 품종이다. 육색이 짙고 지방의 감칠맛이 좋다. 일본에서는 육백돈으로 불리기도 한다.
- **난축맛돈**: 난지축산연구센터에서 개발한 흑돼지 품종으로 일반 돼지보다 근내지방이 네 배나 많은 품종이다. 고소하고 육질이 부드러우며 지방에서 단맛이 느껴지는 것이 특징이다.
- **우리흑돈**: 재래돼지의 육질은 유지하면서 성장 능력을 개선한 흑돼지 품종이다. 단일불포화지방산 비율이 높아서 진한 풍미를 느껴지는 것이 특징이다. 지방층을 씹을 때 아삭한 식감을 즐길 수 있다.
- **탐라흑돈**과 **탐라백돈**은 제주에서, **지례흑돈**은 김천시 지례에서, **고원흑돈**은 지리산에서 나오는 품종이다. 일반적으로 백돼지에서는 깔끔하고 담백한 맛을 느낄 수 있다. 흑돼지는 백돼지에 비해 지방층의 고소함이 강하고 고기 향이 짙다.

돼지고기 부위

- **등심**: 돼지 등쪽 부분의 고기이며, '로스(ロース)'라고 불리기도 한다. 담백하고 씹는 맛이 좋은 부위다.
- **특등심**: 등심덧살(가브리살)이 붙은 등쪽 부분의 고기이며, '특로스' '상등심' '상로스'라고 불리기도 한다. 부드러움과 씹는 맛이 동시에 있으며 일반 등심보다 풍미가 좋다.
- **안심**: 돼지 허리뼈 안쪽 부분의 고기이며, '히레(ひれ)'라고 불리기도 한다. 부드러움이 확실하게 느껴지는 부위다.

기타 용어

- **레스팅**: 돈가스를 튀긴 후에 고기 심부의 온도를 고기 가장자리 온도와 맞추기 위해 기다리는 과정이다.
- **밑젖음**: 고기의 수분 때문에 튀김옷 아랫부분이 젖는 현상이다.
- **밀계빵**: '밀가루+계란+빵가루'의 줄임말로, 돈가스 튀김옷을 만드는 가장 기본적인 방법이다.
- **물 반죽**: 밀계빵과 다르게 물과 튀김용 가루, 빵가루를 이용해 돈가스 튀김옷을 만드는 방법이다. 주로 튀김용 가루로 '베타믹스'를 사용한다. 이를 사용하면 고기와 튀김옷 사이에 결합력이 생기고 돈가스가 더욱 바삭해진다.
- **라드**: 돼지 지방에서 추출한 기름이다. 돈가스를 라드에 튀기면 돼지고기의 향을 깊게 느낄 수 있다.

출처: 국립축산과학원 사이트(https://www.nias.go.kr).
　　　백종원, 《백종원의 肉(육): 돼지고기 편》, 알에이치코리아, 2022.

바삭함은 곧 신성함이니

눅눅함을 경계하라

1장

서울

돈까스광명

서울 마포구

한 달에 두 번씩은
꼭 가는 돈가스 가게

상로스(상등심)

주소 서울 마포구 포은로 25 1층
대중교통 힙징역 8번 출구에서 /분
운영 시간 11:30-20:00
(브레이크 타임 14:30-17:30 / 월 휴무 /
일요일은 브레이크 타임 없이 15:00까지
영업)
웨이팅 난이도 상
추천 메뉴 및 가격 상로스(상등심) 15,000원
평균 가격대 13,000원

경기도 광명시에서 시작한 돈까스광명은 광명시에서도 자자했던 명성을 합정에 와서도 이어나가고 있다. 일식 돈가스가 먹고 싶을 때 바로 생각날 정도로 좋아하는 곳이다. 가게 내부엔 4인 테이블과 바 테이블이 있었다. 힘겹게 웨이팅을 한 뒤 이곳에선 무조건 먹어야 하는 '상로스(상등심)'를 외쳤다.

접시 위로 예술 작품이 나왔다. 돈가스 가게 중 가장 많이 방문한 가게지만 상로스를 볼 때면 심장이 늘 두근거린다. 돈가스의 색깔부터 영롱하고 아름다웠다. 선홍빛의 살코기와 조명에 반사되어 반짝거리는 지방층의 조합을 이길 자가 누가 있을까. 질김 하나도 없이 부드럽고 촉촉했다. 고기에 적당히 간이 되어 있어서 소금은 굳이 필요하지 않았다. 가끔 변주를 주고 싶을 때는 후추를 뿌리면 색다른 매력을 느낄 수 있다.

[살코기와 지방의 적절한 비율.

팁

상로스는 13:30과 17:30에 나오니 30-40분 전에 웨이팅하면 즐길 수 있다.

['히레'를 사이드 메뉴로 주문할 수 있다.

돈까스광명의 상로스는 나에게 첫사랑 같은 돈가스다. 돈가스를 먹을 때 가게에 있던 시계에서 종이 울렸다. 마음에 드는 대상을 만나면 머릿속에서 종이 울린다고 하던데 시계가 내 마음을 대신 표현해줬다. 한 입 먹자마자 다음 한 입이 기대되는 돈가스였다.

이츠야

돈가스의 새로운 장르를 만드는 곳

서울 마포구

안심

주소 서울 마포구 양화로6길 99-9
대중교통 상수역 1번 출구에서 5분
운영 시간 11:10-15:00
　　　　　　　(월, 화, 수 휴무)
웨이팅 난이도 상
추천 메뉴 및 가격 안심 17,000원
평균 가격대 20,500원

2022년 상수역 근처에 조용하게 오픈한 돈가스 가게다. 오픈 초창기에는 사람이 많지 않았지만, 지금은 엄청난 웨이팅을 해야 먹을 수 있는 곳이 되었다. 하늘의 별을 따는 정도의 웨이팅을 감수해야 한다. 하지만 이러한 수고조차 극복하게 만드는 이츠야만의 매력이 있다. 이츠야에서 가장 좋아하는 '안심'을 외쳤다.

색깔부터 남다른 돈가스가 나왔다. 진한 붉은 빛깔은 처음 마주쳤을 때 레어인가 싶을 정도였다. 머릿속에 많은 질문이 떠오른 채로 먹어보았다. 부드러움의 한계를 뚫은 안심이었다. 씹는 순간부터 느껴지는 부드러움이 정말로 좋았다. 인생에서 처음 느껴보는 안심의 식감이었다. 더불어 드라이에이징(건식숙성)을 통한 고기의 향도 잘 느껴졌다. 저온으로 튀겨서 눈 녹듯이 씹히는 빵가루도 매력적이었다. 말돈(Maldon) 소금을 뿌려 먹으면 소금이 돈가스와 함께 바삭하게 씹히면서 간을 더해줘 만족스러웠다.

비교적 최근에 나온 '항정'과 '갈매기'도 외쳤다. 항정은 항정살 특유의 쫄깃함이 도드라지며 느끼함이 전혀 없고 깔끔했다. 갈매기살로 만든 돈가스는 이츠야에서 처음 먹어보았다. 갈매기살은 다루기 어려운 부위 중 하나이며 고기 향이 진한 것이 특징이라고 한다. 갈매기도 여느 돈가스와 마찬가지로 바삭함으로 시작해서 촉촉함과 부드러움으로 마무리됐다. 고기 향도 은은하게 퍼져서 이색적으로 즐기기에 좋았다. 안심으로 부드러움의 한계 없음을 느끼다가 항정과 갈매기로 돈가스의 한계 또한 없다는 것을 깨닫게 됐다.

독특한 돈가스 부위인
항정(위)과 갈매기(아래).

팁

9시부터 웨이팅 명단을 작성하기 때문에 조금 더 일찍 가야 한다.

카미야

서울 마포구

가성비 갑(甲)
중독적인 가쓰돈의 달인

히레동

주소 서울 마포구 와우산로21길 28-6
대중교통 홍대입구역 9번 출구에서 9분
운영 시간 11:00-21:30
웨이팅 난이도 중
추천 메뉴 및 가격 히레동 9,500원
평균 가격대 10,000원

홍대에서 돈가스가 먹고 싶을 때 항상 들르는 가게다. 〈생활의 달인〉을 비롯한 TV 프로그램과 여러 유튜브 채널에 소개된 곳이다. 알려질 때마다 웨이팅이 늘어나서 좋으면서도 가기 힘들어질까 봐 슬펐다. 이곳엔 다양한 돈가스가 많지만 가쓰돈(가츠동, 카츠동)도 상당히 유명하다. 가쓰돈 중에서 가장 자주 먹는 '히레동'을 외쳤다.

　　　가격 대비 양이 상당하다. 분명 히레동 하나를 외쳤지만 미니 우동과 샐러드까지 함께 나왔다. 10,000원도 안 되는 가격으로 이 모든 것을 먹을 수 있다. 가쓰돈 메뉴 중 가장 비싼 '믹스동'마저 10,000원이었다. 고물가 시대에 더 정이 갈 수밖에 없는 메뉴들이다.

⌈ 저렴한 가격이지만 풍성한 구성.

팁

모차렐라치즈 토핑을 추가하면
고소하고 풍부한 맛을 즐길 수 있다.

⌈ 돈가스, 양파, 달걀, 밥을
ㄴ 한 입에 같이 먹으면 조화가 좋다.

　　　부드러움에 부드러움을 더한 히레동이다.
밥과 돈가스, 양파, 달걀, 소스가 한데 어우러지
는 한 그릇이다. 돈가스 위에는 살포시 달걀 이불이 덮혀 있었다. 달걀은 고소하고 부드러워 목 넘김이 좋았다. 돈가스 역시 안심 부위라서 상당히 부드러웠고, 치아로 돈가스가 잘 끊겨서 한 입씩 편하게 먹을 수 있었다. 여기에 더해 양파의 단맛과 소스가 잘 어우러져서 완벽한 한 그릇이 되었다.

헤키

서울 마포구

잇몸으로도 씹을 수 있을 만큼
부드러운 돈가스

히레카츠 정식

주소 서울 마포구 동교로9길 33 1층
대중교통 망원역 2번 출구에서 2분
운영 시간 11:30-20:30
　　　　　　 (평일 브레이크 타임 15:00-17:00,
　　　　　　 토, 일 브레이크 타임 16:00-17:00 /
　　　　　　 월, 화 휴무)
웨이팅 난이도 상
추천 메뉴 및 가격 히레카츠 정식 15,500원
평균 가격대 16,000원

망원을 대표하는 돈가스 맛집이다. 반지하 시절부터 꾸준히 사랑을 받아왔고 현재는 리뉴얼을 하며 확장 이전했다. 아침 10시에 가도 웨이팅 순번이 쌓여 있는 엄청난 이곳은 이제 망원 맛집의 대명사가 되지 않았나 싶다. 헤키의 대표 메뉴라고 할 수 있는 '히레카츠 정식'과 '상로스카츠 정식'을 외쳤다.

돈가스가 나오자마자 입이 벌어졌다. 선홍빛의 안심이 반짝거리면서 반겨줬다. 다른 손님들이 빛깔에 감탄하는 소리가 계속 들렸다. 젓가락으로 집을 때부터 겉의 튀김옷은 바삭했고, 속은 말로 표현하기 힘들 만큼 부드러웠다. 인생에서 가장 부드러운 히레카츠이다. 히레카츠를 먹을 때 고기 본연의 향 외에도 햄 향을 은은하게 느낄 수 있다. 히레카츠가 한 조각씩 사라질수록 슬프게 느껴졌다. 미식의 경험을 하기 좋은 돈가스다.

['겉바속촉(겉은 바삭하고 속은 촉촉하다)'의 정석.

팁
헤키에서만 맛볼 수 있는 이집트 소금과 함께 즐겨보자.

[부드러움의 연장선상인 상로스카츠.

상로스카츠 정식 또한 부드러움의 연장선에 있었다. 헤키는 부드러움에 중점을 둔 가게라는 생각이 들었다. 어떤 메뉴를 선택하더라도 부드러움은 기본값처럼 따라왔다. 고기에서 풍기는 헤키만의 향도 튀김옷과 잘 어우러졌다. 웨이팅이 많아도 충분히 줄을 설 수 있을 만한 맛이었다.

니아우

서울 용산구

아보카도와 돈가스의 만남

아보카도+히레카츠

주소 서울 용산구 한강대로72길 11-21
대중교통 남영역 1번 출구에서 5분
　　　　　　 / 숙대입구역 6번 출구에서 5분
운영 시간 11:00-20:30
　　　　　　 (브레이크 타임 15:00-17:00 / 일 휴무)
웨이팅 난이도 하
추천 메뉴 및 가격 아보카도+히레카츠 17,000
평균 가격대 15,000원

숙대입구역과 남영역 근처에 있는 돈가스 가게다. 외관은 단아하고 한국적이고 내부는 조금 어둡고 현대적으로 꾸며져 있었다. 이곳은 돈가스를 튀길 때 라드를 사용해서 향이 풍부해져 돈가스가 더 맛있어진다. 튀김옷 위에 라드라는 옷을 한 겹 더 입힌 기분이다. 다양한 메뉴가 많았지만 가장 궁금했던 아보카도튀김이 같이 나오는 '아보카도 + 히레카츠'를 외쳤다.

연한 색감의 히레카츠가 등장했다. 히레카츠라고 하면 선홍빛의 색깔을 기대하기 마련인데 니아우의 히레카츠는 다른 돈가스에 비해 선홍빛이 연했다. 어떤 식감일지 궁금해서 바로 한 입 먹어봤다. 씹을 때마다 부드러움이 느껴지고 육즙이 나와 만족스러웠다. 고기 향은 센 편이 아니라서 참깨 드레싱 샐러드나 아보카도튀김과 곁들여 먹는 것이 어울렸다.

⌈ 보기만 해도 촉촉함이 느껴진다.

팁

샐러드는 오리엔탈 드레싱과 참깨 드레싱이 있는데 참깨 드레싱이 돈가스와 더 잘 어울렸다.

⌈ 매콤한 체다치즈 소스에 콕!

니아우에서 돈가스와 함께 꼭 시켜야 하는 메뉴이자 모든 음식의 연결고리가 되는 아보카도 튀김이다. 아보카도튀김은 주문하자마자 아보카도를 자른 뒤 튀김옷을 묻혀 튀겨 나온다. 함께 나온 체다치즈 소스는 살짝 매콤해서 아보카도튀김의 맛을 깔끔하게 잡아주며 마무리했다. 아보카도튀김은 단독으로 먹어도 맛있지만 돈가스와 곁들이면 의외의 궁합이 탄생한다. 히레카츠를 한 입 먹고 바로 아보카도튀김을 곁들이니 아보카도의 녹진함과 안심의 부드러움이 잘 어우러졌다. 맛과 함께 돈가스의 목 넘김이 좋아졌다.

메시야

서울 용산구

김치와 고구마 조합은
못 참지!

고구마김치

주소 서울 용산구 한강대로 358
대중교통 서울역 12번 출구에서 3분
운영 시간 11:00-20:00
　　　　　　(브레이크 타임 14:00-17:00 / 토, 일 휴무)
웨이팅 난이도 중
추천 메뉴 및 가격 고구마김치 12,500원
평균 가격대 12,500원

서울역에서 조금만 걸어가면 돈가스 맛집 메시야가 나온다. 평일 점심에 가면 인근 직장인들로 인산인해를 이루는 곳이다. 웨이팅을 하고 있으면 가게 직원이 부채를 주신다. 처음에는 더위를 식히라는 줄 알았지만 부채가 곧 메뉴판이었다. 부채를 보면서 어떤 메뉴를 먹을지 정하면 된다. 이곳은 김치를 올려주는 '김치' 메뉴가 유명한데 거기서 더 업그레이드가 된 '고구마김치'를 외쳤다.

돈가스는 생각보다 빠르게 나왔다. 고구마 돈가스 위로 볶음 김치가 잔뜩 얹어져 있었다. 볶음 김치의 고소한 향이 멀리서도 느껴질 만큼 강렬했다. 김치부터 먹어보니 무조건 밥을 부르게 되는 맛이었다. 정말 맛있는 김치를 볶은 듯했다. 돈가스를 들어보니 노란 고구마 무스가 반겨줬다. 고구마 돈가스만 먹어도 달달해서 좋았지만 김치를 가득 집어서 함께 먹으니 더할 나위가 없었다. 고구마와 김치의 조합은 맛이 없을 수가 없다.

┌ 겉은 김치로 덮여 있지만
└ 돈가스 속엔 고구마가 충분히 들어 있다.

팁

돈가스 절반은 흰밥과 즐긴 후 밥을 리필을 해서 김치와 비벼서 색다르게 즐기자.

┌ 고구마김치는 밥에 꼭 곁들여 먹자.

이제 수북하게 나온 김치를 더 맛있게 즐겨보자. 돈가스를 어느 정도 먹어갈 때쯤 김치를 밥공기에 조금 덜어서 비볐다. 순식간에 김치볶음밥이 완성됐다. 그 위에 돈가스 한 점을 올려서 먹으면 새로운 메뉴가 탄생한 느낌이다. 밥 한 공기를 더 리필하게 될 만큼 맛있었다. 직원이 '먹을 줄 아는 사람'이라고 해서 왠지 숨겨진 퀘스트를 깬 기분이었다. 김치를 남기지 말고 최대한 응용해서 먹는 것을 추천한다.

북천

서울 용산구

텀블러에 담아가고 싶은
경양식 소스

브라운돈가스

주소 서울 용산구 한강대로10길 17
대중교통 용산역 1번출구에서 14분
운영 시간 11:00-20:00
　　　　　　(브레이크 타임 14:00-17:00 / 일 휴무)
웨이팅 난이도 중
추천 메뉴 및 가격 브라운돈가스 17,000원
평균 가격대 17,000원

가끔씩 미치도록 경양식이 끌리는 날이 있다. 그럴 때마다 생각나는 곳이 북천이다. 어릴 적 엄마 손잡고 가던 경양식의 추억을 업그레이드해주는 돈가스를 파는데 소스를 먹자마자 단골 예약을 하게 됐다. 가게를 이전하면서 더 넓어졌다. 큰 가게를 가득 채운 소스의 향기는 여전했다. 북천을 빛낸 '브라운 돈가스'와 '화이트돈가스'를 외쳤다.

김이 모락모락 나는 돈가스가 나왔다. 바다만큼 깊은 풍미를 지닌 브라운돈가스다. 돈가스 위로 뿌려진 브라운 소스부터 찍어서 먹어봤다. 달콤한 데미글라스 맛이 느껴지다가 버섯 향이 입에 잔상처럼 남았다. 고기는 일반 경양식보다 두꺼웠지만 부드럽게 씹혔다. 소스와 잘 어우러지는 환상의 경양식이었다.

┌ 경양식 돈가스지만 두께는 엄청나다.

팁

새롭게 문을 연 북천 을지로에서도 북천의 돈가스를 즐길 수 있다.

┌ 화이트돈가스 위에
└ 꼭 할라페뇨를 얹어서 먹어보자.

화이트돈가스는 이름 그대로 화이트 소스가 뿌려져 나왔다. 먹자마자 크림파스타보다 화이트돈가스를 더 좋아하게 됐다. 소스는 크림 베이스였고 버섯 향이 은은하게 났다. 소스의 간이 강한 편이 아니라서 슴슴하면서 크리미한 매력이 있었다. 먹다 보면 소스가 자칫 느끼할 수 있는데 이때 곁들여 나온 할라페뇨가 완벽한 감초 역할을 한다. 할라페뇨의 매콤함이 맛의 매듭을 확실히 묶어줬다.

훈타

서울 용산구

끝까지 파고드는
돈가스 덕후가 차린 집

상로스카츠

주소 서울 강서구 곰달래로26길 15 1층 104호
대중교통 까치산역 2번 출구에서 5분
운영 시간 11:30-20:30
　　　　　　(브레이크 타임 15:00-17:00 / 수, 일 휴무)
웨이팅 난이도 중
추천 메뉴 및 가격 상로스카츠 15,000원
평균 가격대 13,000원

돈가스 '덕후'가 차린 돈가스 가게다. 돈가스를 좋아하다가 돈가스 가게에서 일을 하고 가게까지 차렸다고 한다. 오픈한 지 얼마 되지 않은 시점에 웨이팅까지 생기는 유명한 공간이 되었다. 덕후의 진심은 통한다는 것을 보여주는 곳이다. 버크셔 품종을 사용한 '상로스카츠'를 외쳤다.

퀄리티가 남다른 상로스카츠다. 사장님이 일본에서 직접 사온 그릇에 담긴 돈가스는 비주얼부터 만족스러웠다. 첫입은 아무것도 곁들이지 않고 먹어봤다. 부드러움과 함께 입안에 바로 퍼지는 고기 향이 인상적이었다. 기름이 잘 빠져 물리지 않고 끊임없이 들어가는 깔끔한 돈가스였다. 진정한 덕후의 세계를 체험했다.

다른 부위도 사이드 메뉴로
조금씩 주문해서 맛볼 수 있다.

팁

이곳의 인스타그램을 수시로 확인하면
좋은 원육의 입고 여부나
재밌는 팝업 소식을 접할 수 있다.

다양하게 구비된 소스들.

사장님이 돈까스광명(18쪽)에서 잠시 일했어서 그런지 같은 샐러드 드레싱이 있다. 옥수수 베이스로 만든 드레싱은 돈가스와 함께 먹기에 딱 좋았다. 훈타에는 일본의 가반 후추가 자리마다 놓여 있다. 돈가스 위에 씨를 뿌리듯이 뿌려주었다. 돈가스의 고기 향 위로 후추의 향이 쌓이면서 맛이 깊어졌다. 돈가스를 즐기다가 변화를 주고 싶을 때는 꼭 후추를 뿌리길 추천한다. 훈연 말돈 소금은 찍지 말고 손으로 집어서 원하는 부위에 뿌려 먹는 것이 간을 맞추기에 편하다.

돈키돈까스

서울 서초구

갑오징어도 튀겨주는
엄청난 돈가스 가게

모둠정식

주소 서울 서초구 방배천로18길 10 1층
대중교통 이수역 6번 출구에서 5분
운영 시간 11:30-20:30
          (브레이크 타임 15:00-16:30)
웨이팅 난이도 중
추천 메뉴 및 가격 모둠정식 15,000원
평균 가격대 13,000원

돈키에서는 옛 정서가 묻어 있는 1세대 돈가스를 만날 수 있다. 이곳은 어린이부터 어르신까지 남녀노소를 사로잡은 곳이기도 하다. 이곳의 '모둠정식'은 '로스카츠' '생선까스' '새우까스'뿐만 아니라 갑오징어를 튀긴 일명 '갑오징어까스'까지 올라간다. 특별하고 뚜렷한 개성이 보이는 메뉴였다. 메뉴들의 이름만 봐도 침샘이 고여서 빠르게 모둠정식을 외쳤다.

모둠정식의 주인공은 역시 로스카츠다. 건식 빵가루를 사용해서 빵가루 입자가 엄청 작아 바삭하지만 부담스럽지 않았다. 돈가스 조각은 작은 편이라 한입에 먹기 좋았고, 등심의 식감과 촉촉함이 맘에 들었다. 함께 나온 겨자에 돈가스 소스를 섞으면 겨자가 마치 깜깜한 밤에 본 반딧불이처럼 보인다. 돈가스 한 면 가득 소스를 묻히고 먹으면 달콤하면서도 톡 쏘는 맛이 중독성이 있었다.

돈가스는 겨자와 돈가스 소스와 함께
질리지 않게 먹자.

사이드 메뉴로 갑오징어 단품이 있어서
다른 메뉴와 같이 즐길 수 있다.

이곳에서만 맛볼 수 있는 갑오징어까스.

돈가스 곁에 지원군이 든든하게
옆을 지키고 있었다. 등심과 함께 생선과 갑오징어, 새우가 푸짐하게 튀겨져 나왔다. 전체적으로 적당히 바삭해서 먹을 때마다 기분이 좋았다. 새우까스는 타르타르소스에 듬뿍 묻혀서 먹으니 더 맛있게 먹을 수 있었다. 생선까스는 작은 한 조각으로 길쭉하게 나왔는데 예상을 뛰어넘을 정도로 촉촉했다. 한 조각을 더 먹고 싶을 만큼 맛있었다. 대망의 갑오징어까스는 쫄깃하고 탄력이 있었다. 갑오징어 자체에도 간이 있어서 그대로 먹어야 갑오징어의 개성이 잘 느껴진다.

하쿠비

신림을 빛낸 위대한 돈가스

서울 관악구

상 로스카츠 정식(가브리살)

주소 서울 관악구 신원로 8 1층
운영 시간 11:30-20:00
          (브레이크 타임 15:00-17:00 / 월 휴무 /
          토·일요일은 15:00까지 영업)
대중교통 신림역 3번 출구에서 7분
웨이팅 난이도 중
추천 메뉴 및 가격 상 로스카츠 정식(가브리살)
                    15,000원
평균 가격대 15,000원

어느 날 갑자기 신림역 근처에 돈가스 가게가 생겼다. 신림은 돈가스 불모지였기에 가뭄에 단비 같은 가게가 되었다. 오픈 때부터 지금까지 많은 노력을 기울이면서 하쿠비만의 돈가스를 만들고 있다. 덕분에 방문할 때마다 점점 돈가스가 맛있어진다. 하쿠비에 있는 모든 돈가스 종류들을 전부 외쳐봤고, 이번엔 '상 로스카츠 정식(가브리살)'과 '모듬카츠 정식(등심, 안심, 새우튀김)'을 외쳤다.

비주얼 끝판왕의 상 로스카츠 정식은 만화에서 볼 법한 돈가스였다. 가브리살과 등심의 비율이 완벽했다. 돈가스의 황금 비율이 있다면 이곳의 상 로스카츠가 아닐까 싶었다. 이곳은 익힘을 중요시해서 익힌 정도 또한 완벽했다. 빵가루가 얇아서 고기나 채소 등을 꼬치에 꽂아서 튀겨 먹는 일본 음식인 구시카쓰(쿠시카츠) 같은 느낌이 있었다. 오픈 초창기에는 식감도 구시카쓰 같았는데 현재는 저온으로 튀겨서 바삭함이 예전보다는 덜한 편이다. 대신 고기의 부드러움이나 풍미는 더 업그레이드되었다. 지방층에서 느껴지는 돼지의 진한 맛이 계속 기억에 남았다. 유즈코쇼와 함께 먹으면 느끼함을 잡아줘서 더 맛있게 먹을 수 있다.

[맛있는 거 옆에 맛있는 거.

[다카나와의 조합은 꼭 경험하자.

모듬카츠 정식은 등심과 안심 그리고 새우튀김까지 포함돼 아쉬움이 없다. 등심은 담백하면서 부드럽고 육즙이 많았고, 안심은 확실히 부드러움이 무기였다. 계속해서 먹게 만드는 매력이 있었다. 사이드 메뉴 중 하나인 '일본카레(한 컵)'도 외쳐봤다. 진하고 묵직하면서도 부드럽게 넘어가는 카레는 등심의 끝부분을 찍어 먹어도 좋았다. 대망의 새우튀김은 새우의 향이 입안을 행복하게 해줬다. 특히 강렬한 바삭함 덕분에 씹을 때마다 들리는 바삭바삭 소리가 웃음을 짓게 했다.

팁

'다카나'라는 일본식 갓김치를 돈가스 위에 가득 얹어 먹으면 맛있다.

모스 신대방삼거리

서울 동작구

돈가스를 외치면 행복함을 한 스푼 얹어주는 곳

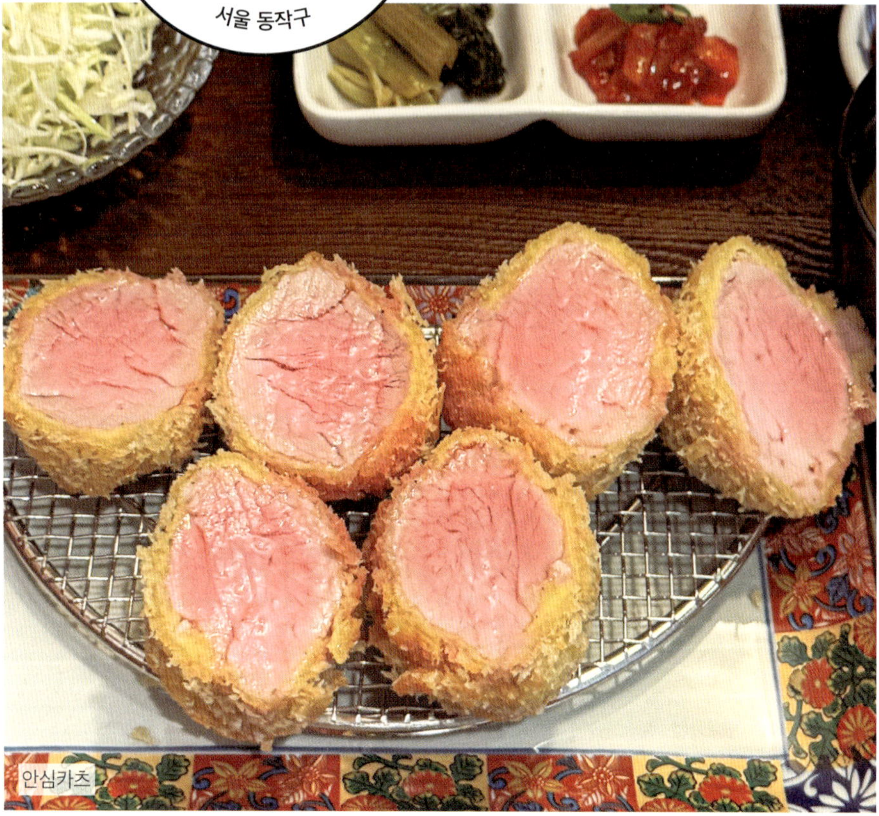

주소 서울 동작구 보라매로 91 1층
대중교통 신대방삼거리역 2번 출구에서 4분
운영 시간 11:30-21:00
                (브레이크 타임 15:00-17:00 / 일 휴무)
웨이팅 난이도 중
추천 메뉴 및 가격 안심카츠 14,000원
평균 가격대 14,000원

갈 때마다 행복해지는 돈가스 가게가 있다. 재학 중인 대학교 근처라 자주 찾는 곳이다. 돈가스가 먹고 싶어서 가지만 가끔은 사장님의 친절한 웃음과 정을 만나러 가기도 한다. 오픈 당시와 비교하면 지금의 돈가스는 완전히 다른 수준이다. 사장님의 끊임없는 연구 결과다. 시간이 날 때마다 이곳에 가면서 모든 메뉴를 외쳐보았고 이번엔 '등심카츠'와 '안심카츠'를 외쳤다.

탄탄한 육질 속에 부드러움이 살아 있는 등심카츠다. 등심카츠는 질긴 부분 없이 씹는 느낌이 좋았고, 고기 향도 잘 느껴졌다. 원래는 고기를 숙성할 때 후추를 썼지만 최근 리뉴얼을 하며 고기 향을 더 느낄 수 있도록 후추를 뺐다고 한다. 함께 나온 오징어 젓갈도 돈가스에 곁들이면 색다르게 즐길 수 있다. 매콤한 젓갈 덕분에 느끼함이라는 단어를 이곳에서 떠올리긴 어렵다.

느끼함을 싹 잡아주는 오징어 젓갈.

팁
젓갈 외에도 돈가스에 장아찌를 가득 얹어서 먹으면 물리지 않는다.

한 가지 메뉴만 먹기 아쉬우면 치즈카츠도 추가하자.

육즙이 흘러넘치는 안심카츠다. 젓가락으로 살짝 건드렸더니 육즙이 흘러내렸다. 육즙이 더 빠져나가기 전에 서둘러 입에 넣었다. 부드럽고 촉촉해서 목 넘김이 좋았다. 등심카츠와 마찬가지로 오징어 젓갈을 조금씩 얹어서 먹었더니 어느새 빈 접시가 되었다. 느끼함이 전혀 없어서 속으로 '한 판 더!'를 외치고 있는 자신을 발견하게 된다.

가나
돈까스의집

서울 강남구

**주차장에서부터
택시가 가득한 기사 식당**

돈까스

주소 서울 강남구 언주로 608
대중교통 언주역 4번 출구에서 9분
운영 시간 10:00-20:15
        (일 휴무 / 토요일은 20:00까지 영업)
웨이팅 난이도 하
추천 메뉴 및 가격 돈까스 13,000원
평균 가격대 13,000원

택시 기사님들이 점심마다 들르는 기사 식당 맛집이다. 특히 이곳은 익숙하면서도 특별한 돈가스를 만드는 곳이다. 명성에 걸맞게 가게에 들어가기 전부터 택시가 많이 주차되어 있었다. 지하에 위치한 가게에 내려가니 계단 옆에 붙은 여러 방송 출연 사진들을 볼 수 있었다. 내부가 넓고 회전율이 빨라서 웨이팅이 생기진 않았다. 자리에 앉으면 오이고추가 반겨주는 전형적인 기사 식당이다. 이곳을 알린 대표 메뉴인 '돈까스'를 외쳤다.

일반적인 기사 식당 돈가스와는 조금 다른 모습으로 나왔다. 소스가 특별해 보였는데 된장과 비슷한 밝은 갈색이었다. 소스에는 양송이버섯 등 다양한 야채가 들어가 있었다. 썰어서 먹어보니 튀김옷의 고소함이 잘 느껴졌다. 이색적인 돈가스 소스는 새콤하면서도 진했다. 돈까스는 총 세 덩이로, 푸짐해서 배부르게 먹을 수 있다. 테이블에 쌓인 아삭한 오이고추를 쌈장에 찍어 먹으면, 느끼하다는 생각 없이 먹을 수 있다.

기사 식당이 성립하는 세 가지의 요소가 있다. 김치, 오이고추, 된장국이다. 여기는 이 세 가지를 모두 갖추고 있었다. 김치와 오이고추가 느끼함을 완벽하게 잡아주고 된장국이 입안을 깔끔하게 만들어준다. 괜히 택시 기사님들이 많이 방문하시는 것이 아니었다. 돈가스를 다 먹고 계산하면서 마시는 자판기 커피까지, 완벽한 기사 식당의 면모를 보여주고 있었다.

기사 식당의 필수 요소인
수북한 오이고추.

팁

'특대까스'는 총 다섯 덩이가 나와서
대식가에게 추천한다.

자판기 커피로 식사를 마무리하자.

오제제 강남

서울 강남구

2020년도부터
돈가스의 한 획을 그은 곳

안심돈카츠(히레)

주소 서울 강남구 강남대로 358 2층 201호
내릉교봉 강남역 4번 출구에서 1분
운영 시간 11:00-21:00
　　　　　　　(브레이크 타임 15:30-17:30)
웨이팅 난이도 중
추천 메뉴 및 가격 안심돈카츠+새우튀김 24,000원
평균 가격대 18,000원

한때 서울역을 검색하면 오제제가 연관 검색어로 나올 정도로 서울역을 돈가스로 장악한 가게다. 이후 서울역에 있던 매장은 사라졌지만 강남, 신용산, 광화문 등 여러 지역에 매장을 오픈해 맛있는 돈가스를 제공한다. 돈가스의 문화를 견인한다고 해도 좋을 오제제 강남에서 돈가스 가게의 기본인 '등심돈카츠(로스)'와 '안심돈카츠(히레)', 그리고 '카다이프 새우튀김'까지 외쳤다.

안심돈카츠는 모든 고기 단면이 선홍빛을 띠고 있었다. 먹기도 전부터 고른 익힘에 감동을 받았다. 베어 물면 부드러움이 입안에 강렬하게 느껴졌다. 바삭함이 부드러움을 자연스럽게 감싸주는 느낌이었다. 등심돈카츠도 마찬가지로 상당히 부드러웠다. 운이 좋게 등심에 약간의 가브리살이 붙어 있었다. 다른 곳에선 특등심으로 판매할 법한 고기인데, 가브리살 비율이 낮아서 등심으로 구분한 것 같았다. 특등심에 명확한 기준을 두고 있다는 게 느껴졌다. 등심 부위는 간결하게 소금과 함께 즐기는 게 가장 좋았다.

⌈ 등심돈카츠를 시켜도 맛볼 수 있는 가브리살.

팁

오제제는 매장마다 편차가 없는 편이라서 가까운 곳에 가면 된다.

⌈ 카다이프에 돌돌 둘러진 새우.

오제제를 완벽하게 즐기려면 새우튀김을 외쳐야 한다. 카다이프로 새우를 말아서 튀겨낸 카다이프 새우튀김은 선택이 아닌 필수다. 바삭함으로 무장한 카다이프 새우튀김을 씹으면 탱글탱글하면서도 큼지막한 새우 향이 입안에 가득 퍼졌다. 같이 나오는 화이트 트뤼프(트러플) 소스는 새우튀김과 전생에 부부였나 싶을 정도로 잘 어울렸다. 처음에는 찍어 먹다가 소스를 끼얹어서 먹게 되는 중독적인 소스였다.

혼돈

서울 강남구

돈가스로 오사카 여행을 시켜주는 곳

난축맛돈 상리브로스

주소 서울 강남구 언주로115길 15 101호
대중교통 언주역 3번 출구에서 7분
운영 시간 11:00-20:30
(브레이크 타임 14:30-17:30 / 토, 일 휴무)
웨이팅 난이도 중
추천 메뉴 및 가격 난축맛돈 상리브로스 18,000원
평균 가격대 18,000원

너무 맛있어서 혼돈에 빠지게 하는 가게다. 사장님은 주기적으로 일본의 돈가스 맛집을 방문하면서 그 맛의 비결을 혼돈에 적용해 퀄리티를 높인다. 덕분에 찾아갈 때마다 일본에서 느꼈던 맛의 감동을 다시 한번 느끼게 해준다. 혼돈 스타일로 풀어낸 저온카쓰(저온카츠)는 주기적으로 수혈해줘야 한다. 이곳에서 가장 많이 먹어본 '난축맛돈 상리브로스'를 외쳤다.

고기 향을 가득 머금은 상리브로스가 나왔다. 잘 숙성되어 부드러웠다. 부드러움 뒤에 밀려오는 버터 같은 고기 향이 마음을 설레게 만들었다. 지방층과 살코기의 비율 또한 황금 비율에 가까웠다. 지방층 위에 소금만 얹어서 먹으니 지방의 향을 온전히 느껴지며 맛있는 지방은 확실히 다르다는 것을 깨달았다. 상리브로스 이외에도 '카타로스(목살)' '도로(항정살)'까지 다양하게 맛보길 추천한다.

등심만 먹으려니 아쉬워서 '샤돈브리앙(안심)'도 외쳤다. 저온으로 튀겨서 밝은 샤돈브리앙이 나왔다. 샤돈브리앙의 단면은 선홍빛으로 고르게 퍼져 있어 익힘이 좋다는 것을 확인시켜주었다. 고기 향은 등심이 더 강하지만 부드러움으로는 안심을 이길 수 없었다. 지방층의 맛을 느끼고 싶다면 등심, 부드럽고 담백한 맛을 느끼고 싶다면 안심을 택하면 좋다. 사이드 메뉴로 외친 '치즈카츠'도 우유의 풍미가 잘 느껴져 색다른 경험을 선사한다. 전체적으로 모든 메뉴가 훌륭해서 만족감이 높은 돈가스 가게다.

팁

방문할 때마다 다양한 품종의 돈가스에 도전해보면서 자신의 취향을 알아가는 것도 좋다.

⌈ 익힘이 완벽한 샤돈브리앙.

⌈ 쭉 늘어나는 치즈.

김자순
수제돈가스
서울 송파구

**직접 수확한 고구마로
만드는 고치돈**

고구마치즈돈까스

주소 서울 송파구 석촌호수로12길 16 1층
대중교통 잠실새내역 3번 출구에서 6분
운영 시간 11:30-21:30
　　　　　(월 휴무)
웨이팅 난이도 하
추천 메뉴 및 가격 고구마치즈돈까스 세트 10,000원
평균 가격대 7,500원

잠실 새마을 시장은 고소한 냄새로 가득 차 있다. 족발, 닭강정, 전 등 다양한 음식이 공존하는 가운데 유독 한 곳에서 튀김의 향기를 강하게 내뿜고 있다. 가게에 도착하면 사장님이 계속해서 돈가스를 튀기고 있고, 뒤편에 돈가스를 먹을 수 있는 작은 공간이 나온다. 착석하고 자연스럽게 '고구마치즈돈까스 세트'를 외쳤다.

이 돈가스는 사장님의 자부심이다. 고구마치즈돈까스(줄여서 '고치돈')를 세트로 시키면 돈가스와 국이 나온다. 국은 오이냉국, 된장국, 콩나물국 등 상황에 따라 달라진다. 돈가스 안은 치즈와 고구마로 가득 차 있다. 돈가스 속 고구마는 사장님께서 직접 삶고 으깼다고 한다. 정성이 가득 들어간 돈가스다. 입 안에 한 조각을 넣자마자 바삭함이 느껴지고 그 후에 고구마의 달달함이 퍼진다. 돈가스 안을 가득 채운 치즈는 피자처럼 잘 늘어나서 먹는 재미가 있었다.

⌐ 나는 오이냉국을 맛봤다.

팁

가을에는 직접 수확한 고구마를 사용해서 더 맛있는 고치돈을 즐길 수 있다.

⌐ 고구마와 치즈가 푸짐하게 잘 섞여 있다.

시장 돈가스의 매력은 포장에 있다. 물론 매장에서 바로 먹는 것이 더 맛있지만 포장만의 장점이 있다. '등심돈까스' 두 장이 6,500원, 고구마치즈돈까스 한 장에 7,500원이다. 가성비 좋게 포장해서 먹는 것도 매력적인 선택지였다. 주문하면 바로 튀겨주기 때문에 따끈따끈하고 바삭바삭한 돈가스를 포장해 갈 수 있다.

돈까스집

구절판처럼 나오는 돈가스

서울 송파구

정식

주소 서울 송파구 백제고분로19길 25
대중교통 삼전역 1번 출구에서 5분
운영 시간 10:00-21:00
　　　　　　(일 휴무)
웨이팅 난이도 하
추천 메뉴 및 가격 정식 12,000원
평균 가격대 11,000원

송파구를 걷다가 우연히 발견했다. 어느 동네에나 있을 법한 경양식집 같은 가게였다. 어쩌다 처음 들어간 가게에서 엄청난 식사를 하게 되면 기분이 좋은 건 다들 공감할 것이다. 맛있길 기대하며 들어갔다. 내부는 살짝 허름하면서 옛 추억을 불러일으키는 인테리어였다. 가게 한쪽에는 메뉴 사진들이 있었다. 그중 정식의 사진이 범상치 않아 보였다. 이끌린 것처럼 '정식'을 외쳤다.

만화에서 볼 법한 정식이 등장했다. 그릇부터 담음새까지 딱 만화 속에서 튀어나온 음식 같았다. 샐러드를 중심으로 '돈까스' '치킨까스' '생선까스', 마카로니 샐러드, 흰밥이 둘러싸고 있었다. 돈까스는 두 종류로 나왔는데 텐더처럼 둥글고 길게 튀겨진 것과 흔히 아는 얇고 평평하게 편 것이었다. 듬뿍 뿌려진 소스는 추억을 부르는 데미글라스 맛이었다. 달콤하면서 중독성이 있었다. 치킨까스나 생선까스도 즐길 수 있어서 푸짐하고 좋은 정식이었다.

경양식의 또 다른 매력은 다양하게 조합할 수 있다는 것이다. 단무지와 깍두기, 장국도 같이 나왔다. 돈까스는 마카로니와 먹어도 맛있었고, 마요네즈와 케찹이 섞인 '케요네즈' 샐러드와 곁들여도 정말 좋았다. 단무지, 돈까스, 샐러드를 포크에 한번에 찔러서 먹으면 행복한 감정이 확 밀려왔다. 송파구의 네 잎 클로버를 발견한 기분이었다.

⌐ 왼쪽엔 일반 돈까스가 있다.

⌐ 오른쪽엔 텐더 같은 돈까스가 있다.

모범가츠

문정의 숨겨진 돈가스 고수

서울 송파구

모둠카츠 B

주소 서울 송파구 동남로2길 8 1층
대중교통 문정역 1번 출구에서 4분
운영 시간 11:00-21:00
(브레이크 타임 15:00-17:00 / 월, 일 휴무)
웨이팅 난이도 중
추천 메뉴 및 가격 모둠가츠 B 15,000원
평균 가격대 14,000원

문정 로데오거리 근처에는 점심이 되면 인근 주민들로 북적이는 돈가스 가게가 있다. 2021년도 초반에 방문하고 나서 오랜만에 다시 가봤다. 분명 주변 거리에는 사람이 돌아다니지 않는데, 점심에 이곳에만 오면 북적거린다. 다들 이곳이 맛집이라는 것을 알아버린 걸까. 혼자만 알고 싶었지만 맛집은 숨겨지지 않는 것 같다. 웨이팅할 땐 메뉴를 먼저 외치면 된다. 이곳에서는 세트가 여러 종류가 있는데 그중 제일 끌리는 '모듬가츠 B'를 외쳤다.

'로스가츠' '히레가츠'에 '새우가츠'까지 먹을 수 있는 호화스러운 세트다. 모범가츠의 로스가츠는 지방층을 많이 남겨두지 않아서 담백함을 느낄 수 있다. 씹을 때 부드럽기보다 식감이 있는 편이라 색달랐다. 특히 된장 향 같은 숙성된 고기 향이 고소하게 느껴져서 만족스러웠다. 촉촉함이 좋았던 히레가츠를 같이 나온 표고와사비와 같이 곁들였다. 안심의 부족한 고기 향을 채워줘서 더 맛있게 즐길 수 있었다. 새우가츠는 엄청 큰 두 조각이 나왔다. 한 조각에 새우가 두 마리씩 들어가 있어 총 네 마리의 새우를 먹는 셈이었다. 타르타르소스를 듬뿍 찍어 밥과 함께 즐겼다. 등심 네 조각, 안심 두 조각, 두 마리씩 들어간 새우가츠 두 조각이 나와서 가성비가 괜찮다고 생각했다.

[크기가 어마어마한 새우.

팁

점심보다는 저녁 시간에 사람이 덜 붐빈다.

[돈가스와 조합이 좋은 곁들임.

이곳의 돈가스는 끝까지 수분감을 유지하는 스타일이었다. 등심과 안심 모두 마지막 조각까지 촉촉하게 먹을 수 있었다. 말돈 소금과 표고와사비, 와사비가 같이 나왔는데, 돈가스를 표고와사비와 함께 먹거나 말돈 소금과 와사비를 곁들여서 먹는 방법을 추천한다.

얌얌카츠

서울 강동구

네모난 테이블 위에
네모난 히레카츠

히레카츠 정식

주소 서울 강동구 천호옛14길 ?? 1층
대중교통 천호역 6번 출구에서 5분
운영 시간 11:30-21:00
(브레이크 타임 14:00-17:30 / 일 휴무)
웨이팅 난이도 중
추천 메뉴 및 가격 히레카츠 정식 16,500원
평균 가격대 16,500원

천호역에서 돈가스 가게를 추천한다면 고민하지 않고 얌얌카츠를 말한다. 처음으로 돈가스 탐방을 시작한 스무 살 때 이곳의 돈가스에 감동을 받았다. 바 테이블이 있는 작은 공간에 들어가면 사장님이 밝은 목소리로 반겨주신다. 돈가스를 먹기도 전에 기분이 좋아졌다. 맛있기로 유명한 '히레카츠 정식'과 '특로스 정식'까지 외쳤다.

히레카츠 정식이 나왔다. 얌얌카츠의 히레카츠는 다른 가게와는 다르다. 동그랗지 않고 네모난 모양으로 정갈하게 나오는 게 매력적이다. 튀김옷은 고온에서 튀겨 바삭함이 잘 살아 있었다. 돈가스를 튀기기 전에 고기에 후추를 뿌리니 씹자마자 후추 향이 은은하게 코를 타고 올라왔다. 히레카츠엔 부드러움뿐만 아니라 약간의 씹는 재미도 함께 느껴졌다. 곁들여진 샐러드에 참깨 드레싱을 듬뿍 뿌려서 히레카츠와 같이 즐기는 것을 추천한다.

특로스 정식은 나오자마자 군침이 돌았다. 고온으로 튀겨서 겉은 아름답게 골드브라운 색이었고 고기는 안쪽까지 알맞게 익어서 핑크빛을 띠었다. 예쁜 색을 마주하니 꽃 축제에 간 사람처럼 사진을 찍게 됐다. 특로스도 마찬가지로 후추 향이 느껴졌다. 히레카츠보다 씹을 때 밀도가 느껴져서 '이게 등심이지!' 하는 생각이 들었다. 가브리살과 지방층엔 와사비를 얹어 알싸한 향을 쌓아서 먹었다. 전체적으로 후추 향과 고소함이 매력적인 돈가스였다.

⌐ 지방층과 익힘이 적절하다.

팁
'돈가스-샐러드-밥-장국' 순으로 먹으면 끊임없이 들어간다.

⌐ 오렌지로 마지막 입가심.

브네

서울 광진구

비주얼 갑(甲)
엄청난 두께의 카츠산도

가츠산도(목살)

주소 서울 광진구 군자로 70 106호
대중교통 어린이대공원역 5번 출구에서 6분
운영 시간 11:30-24:00
     (브레이크 타임 14:30-17:00 / 월 휴무 /
     토·일요일은 12시부터 영업)
웨이팅 난이도 중
추천 메뉴 및 가격 가츠산도(목살) 17,000원
평균 가격대 15,000원

2023년에 엄청난 비주얼의 가쓰산도(가츠산도, 카츠산도)로 관심을 한 번에 받은 가게다. 돈가스는 점심에만 판매하고 저녁에는 요리 주점으로 운영한다. 점심에만 먹을 수 있어서 승부욕을 자극하기도 한다. 최근에는 점점 찾아오는 손님들이 늘어나는 만큼 돈가스도 계속해서 발전하고 있다. 브네는 다양한 돼지 품종을 취급해서 품종을 고르는 재미가 있는 곳이다. 이번에는 '듀록 상로스카츠(가브리살+등심)'와 '가츠산도(목살)'를 외쳤다.

듀록 상로스카츠가 나왔다. 일본의 돈가스 가게인 '뉴베이브(ニューベイブ)'의 그릇을 오마주한 그릇에 다양한 곁들임을 올려 비주얼부터 좋았다. 접시에는 훈연 오일, 와사비, 겨자, 쌈장 느낌의 소스, 훈연 말돈 소금, 돈가스 소스가

[여러 가지 소스와 함께 먹는 재미가 있다.

있었다. 상로스카츠는 부드러울 뿐만 아니라 고기 향과 라드 향이 은은하게 퍼졌다. 다양하게 즐기기 위해서 곁들임과 먹어보았는데 가장 흥미로웠던 건 훈연 오일이었다. 마치 돈가스를 훈연한 것처럼 좋은 훈연 향이 입안에 퍼졌다. 고기보다 튀김옷에 찍어 먹는 편이 오일이 잘 스며들어 훈연

향을 느끼기에 좋았다. 훈연 말돈 소금과 와사비를 같이 곁들이는 건 정말 필승 조합처럼 느껴졌다. 지방층을 즐기기 딱 좋은 시식이었다.

가츠산도는 비주얼부터 역대급이었다. 한 입 먹자마자 웃음밖에 나오지 않았다. 두툼한 목살과 부드러운 식빵, 브네만의 달콤하면서도 묵직한 소스의 만남은 마치 FC 바르셀로나의 메시, 네이마르, 수아레스를 보는 듯한 느낌이었다. 크게 베어 물면 목살의 촉촉함이 입안 전체를 황홀하게 만들었다. 성공한 사업가가 된 기분이었다. 가츠산도의 매력을 더 극대화시켜주는 달콤한 소스도 한몫했다. 식빵에 소스가 듬뿍 묻어 있어서 더 촉촉하게 느껴졌다. 덕분에 목 넘김까지 완벽했다. 저녁엔 요리 주점이라 돈가스를 판매하지 않지만 유일하게 가츠산도를 판매하는 이유를 알게 되었다.

팁

상로스카츠엔 히레 추가는 선택이 아닌 필수!

[브네에 왔다면 사이드 메뉴로 '히레'도 경험해보자.

돈부각

서울 동대문구

한 입에 먹기 힘든 팔뚝만 한 돈가스

히레가츠

주소 서울 동대문구 왕산로 15-1 2층
내륭교통 신설동역 3번 출구에서 10분
운영 시간 11:15-19:00
　　　　　　　(브레이크 타임 13:10-17:00 / 월, 일 휴무)
웨이팅 난이도 중
추천 메뉴 및 가격 히레가츠 19,000원
평균 가격대 18,500원

돈가스 덕후라면 모를 수 없는 가게다. '즐거운 맛 돈까스'라는 가게로 시작해 잠시 휴업을 한 뒤, 돈부각이라는 이름으로 다시 돌아왔다. 이곳이 덕후들에게 유명한 이유 중 하나는 가게에 적힌 문장 때문이다. '돈까스는 고기 맛입니다'라는 문장이 학교의 교훈처럼 가게 벽에 걸려 있다. 이 한 문장으로 이곳을 설명할 수 있을 만큼 고기 하나에 진심인 곳이다. 온전히 돼지고기에만 집중할 수 있도록 큼지막한 고기를 튀겨주는 곳 돈부각. 고기 맛을 기대하며 '히레가츠'를 외쳤다.

[돈가스를 기대하게 만드는 강렬한 문장.

팁
식기 전에 빠르게 먹어야
가장 촉촉한 돈가스를 맛볼 수 있다.

메뉴가 나오기까지 생각보다 시간이 걸렸다. 두꺼운 고기를 튀기기 때문에 시간이 걸리는 듯하다. 돈가스가 나오자마자 놀랄 수밖에 없었다. 팔뚝만 한 크기의 돈가스가 떡하니 등장한 것이다. 한 입에 다 넣기도 힘든 조각들이 눈앞에 펼쳐졌다. 고기가 핑크빛이 아닌 회색빛이라서 퍽퍽하지 않을까 하는 걱정도 있었다. 하지만 씹자마자 과자같이 바삭한 튀김옷 속에 히레가 촉촉한 식감으로 반겨줬다. 방심하다가 한 대 얻어맞은 기분이었다.

육즙이 정말 풍부했다. 워낙 촉촉해서 밑젖음이 생길 수도 있는데 튀김옷이 단단해 그런 일은 없었다. 덕분에 깜짝 놀랄 만큼 맛있게 즐길 수 있었다. 돈가스 크기 자체가 커서 베어 물 때마다 돈가스가 입안에 가득 차서 무척이나 행복했다. 만화에서 고기를 뜯어 먹듯이 와구와구 먹었다. 양이 많아서 다 먹을 수 있을까 걱정했지만 한 입 만에 중독돼서 설거지하듯 접시를 깨끗이 비울 수 있었다.

[두께를 자랑하는 히레가츠.

카츠정연

서울 동대문구

비주얼부터
압도하는 돈가스

특로스(상등심)카츠 정식

주소 서울 동대문구 이문로 17-26 1층
대중교통 회기역 1번 출구에서 5분
운영 시간 11:30-20:30
(브레이크 타임 14:30-17:30 / 매주 일
휴무 / 토요일은 14:30까지 영업)
웨이팅 난이도 중
추천 메뉴 및 가격 특로스(상등심)카츠 정식
15,000원
평균 가격대 16,000원

회기역 근처에 자리 잡은 조그마한 돈가스 가게다. 키오스크로 '특로스(상등심)카츠 정식'과 '카다이프 새우프라이(단품)'을 주문하고 안내받은 자리에 앉았다. 주문과 동시에 기름에 돈가스가 퐁당퐁당 빠지는 소리가 들렸다. 돈가스를 튀기는 사장님을 바라보고 있었더니 소금이 먼저 나왔다. 히말라야 블랙 소금과 말돈 소금이었다. 히말라야 블랙 소금은 훈제란 맛이 난다는 설명을 듣고 조금 찍어 먹어보니 신기하게도 그 맛이 났다. 덕분에 재밌게 돈가스를 기다릴 수 있었다.

정갈하고 예쁜 특로스카츠 정식이 나왔다. 등심과 가브리살, 지방층의 비율이 정말로 완벽했다. 고기의 색깔은 선홍빛으로 아름다웠고 촉촉함이 눈에 보일 정도였다. 조각은 크지 않아서 입을 크게 벌리면 들어갈 크기였다. 한 조각을 한 입에 넣어서 먹으니 고기 향이 잘 느껴졌다. 익힘이 좋아서 근막도 질기지 않고 부드러웠다. 이곳의 돈가스는 말돈 소금과 와사비와 가장 잘 어울렸다. 한두 조각 남았을 때 히말라야 블랙 소금을 찍어 먹으면 색다른 맛을 즐길 수 있었다.

팁

트뤼프 오일을 샐러드에 뿌려서
돈가스를 곁들여 먹으면 맛있다.

┌ 마지막 조각은 히말라야 블랙 소금에
└ 콕 찍어서 먹기.

┌ 새우프라이는 소스에 푹 찍어야 맛있다.

두바이 초콜릿 대란이 일어났을 때 카다이프 물량이 없어 먹지 못했던 카다이프 새우프라이다. 두 마리의 새우를 카다이프로 한 번에 돌돌 말아서 튀긴 것이다. 카다이프 덕분에 바삭거리는 소리가 귀에 울릴 정도로 청명하게 들렸다. 바삭함을 확실히 느끼고 싶다면 무조건 먹어야 할 사이드 메뉴였다. 찍어 먹는 소스도 나오는데 그냥 먹어도 맛있지만 와사비를 섞으면 달콤한 맛에 알싸함이 추가돼 더욱 맛있었다. 소스를 원하는 대로 섞어 먹으면서 취향을 찾아가는 재미가 있었다.

톤제

서울 성북구

천장까지 늘어나는
치즈의 향연

치즈카츠

주소 서울 성북구 보문로30라길 3 1층
대중교통 성신여대입구역 1번 출구에서 6분
운영 시간 11:00-16:00
　　　　　(월 휴무)
웨이팅 난이도 중
추천 메뉴 및 가격 치즈카츠 14,000원, 특등심카츠
　　　　　(난축맛돈) 16,000원
평균 가격대 12,000원

제주도에서 돈가스를 연마하고 올라온 가게다. 들어가자마자 큰 바 테이블이 반겨준다. 넓고 쾌적해서 공간부터 만족스럽다. 이곳은 빵가루까지 직접 만들어 모든 것이 수제라고 자부할 만한 돈가스 가게다. 다양한 품종도 취급하고 있는 곳이라, 여러 품종 중 '특등심카츠(난축맛돈)'와 '치즈카츠'를 외쳤다.

특등심카츠는 느끼함이 없는 돈가스였다. 돈가스를 고온에서 튀겨서 겉으로 보기에도 튀김옷이 어두웠다. 덕분에 바삭함과 고소함이 확실히 느껴졌다. 기름도 확실하게 빠져서 끝까지 느끼함 없이 즐길 수 있었다. 고기 향이 상당히 진해서 소금을 돈가스 위에 살짝 올리고 오로지 고기에만 집중하며 먹는 것이 제대로 즐기는 방법이었다.

┌ 촉촉한 수육을 먹는 듯한
└ 부드러운 고기의 식감.

팁

다양한 품종의 메뉴가 있어서
선택의 폭이 넓다.

┌ 끝없이 늘어나는 치즈.

치즈카츠는 치즈의 끝판왕을 경험하게 했다.

바삭함은 기본이고 속의 치즈가 완벽했다. 젓가락으로 치즈를 늘려봤다. 천장까지 늘어날 기세였다. 치즈부터 면 먹듯이 후루룩 먹어보니 고소함이 너무나도 좋았다. 특히 연성이 어마어마했다. 보통의 치즈돈가스는 마지막 조각에서 다 굳어버리곤 하지만 톤제의 치즈카츠는 끝까지 잘 늘어났다. 이 치즈카츠를 색다르게도 즐길 수 있는 방법도 있었다. 함께 나오는 바질 소스를 치즈 위에 잔뜩 얹으니 유럽에서 먹을 법한 이국적인 맛이 나서 만족스러웠다.

모루카츠

지하 식당에서 가장 빛나는 가게

서울 종로구

특로스(상로스)카츠

주소 서울 종로구 종로 19 르메이에르 지하1층 117-1
대중교통 광화문역 4번 출구에서 4분
운영 시간 11:00-20:40
                    (브레이크 타임 15:00-17:00 / 토,일 휴무)
웨이팅 난이도 상
추천 메뉴 및 가격 특로스(상로스)카츠 15,000원
평균 가격대 14,000원

시청역, 광화문역 근처 직장인들의 점심을 책임지는 돈가스다. 찾기 쉽지 않은 지하 식당이지만 먹어보면 줄을 설 수밖에 없는 곳이다. 매장의 많은 직원들을 보자마자 모루카츠가 얼마나 인기가 있는지를 바로 체감할 수 있었다. 모루카츠는 양이 많기로도 유명해서 기대가 됐다. 자리를 잡은 뒤 '특로스(상로스)카츠'와 '히레(안심)카츠' '숙성카레'를 외쳐보았다.

양과 질을 모두 잡은 특로스카츠다. 한정 수량이라 초반에 몇 명만 시킬 수 있는 메뉴다. 특로스카츠가 나왔을 때 당황할 수밖에 없었는데 커다란 돈가스가 두 장이나 나왔다. 다른 가게와 비슷한 가격대에 이 정도 양이 나오다니 놀라웠다. 돈가스는 선홍빛의 맛있는 색감이었다. 비주얼만 봐도 입소문이 퍼질 수밖에 없는 곳이었다. 전체적으로 부드러움에 집중한 돈가스가 입안에서 축제를 열었다. 같이 나온 양파장아찌와 와사비를 얹어서 느끼함조차 없이 먹는 것이 좋았다.

남녀노소가 모두 좋아할 히레카츠가 나왔다. 누가 붓칠을 해놓은 듯 정말 맛있어 보이는 색감이었다. 이는 거들 뿐 잇몸으로도 씹힐 것 같아서 할아버지, 할머니가 오셔도 맛있게 씹고 즐길 수 있을 것 같다. 특히 이곳은 돈가스의 익힘에 대한 기준을 엄격하게 판단해서 제공하기 때문에 돈가스가 퍽퍽하거나 덜 익는 상황은 걱정하지 않고 먹을 수 있어서 좋다.

남녀노소 누구든
부드럽게 먹을 수 있는 히레카츠.

팁

카레를 함께 시켜서 돈가스 가장자리를 카레에 담가서 먹자.

진하고 되직해서 여운이 깊은 숙성카레.

일월카츠
안국점
서울 종로구

**접객으로
손님 마음을 녹이는 곳**

상로스카츠

주소 서울 종로구 북촌로1길 11 1층
대중교통 안국역 2번 출구에서 4분
운영 시간 11:30-21:00
　　　　　　(브레이크 타임 15:00-17:00)
웨이팅 난이도 중
추천 메뉴 및 가격 상로스카츠 17,000원
평균 가격대 16,500원

안국에서 돈가스를 찾는다고 하면 바로 이곳이 생각난다. 가오픈 때부터 꾸준히 방문했는데 어느덧 안국에만 두 개의 지점이 있다. 이제는 어엿한 안국의 터줏대감 돈가스 가게다. 두 지점 모두 거의 유사한 퀄리티를 보여주기 때문에 본점 대신 회전율이 빠른 안국점으로 가서 '상로스카츠'와 '히레카츠'를 외쳤다.

돈가스를 받자마자 입이 떡 벌어졌다. 상로스카츠도 히레카츠도 단면이 그림 같았다. 색깔이 너무나도 아름다워서 먹기가 아까울 정도였다. 히레카츠부터 조심스레 먹어봤더니 식감이 솜사탕처럼 부드러웠다. 계속 씹어도 끝까지 촉촉했다. 상로스카츠는 씹으면 씹을수록 고기 향이 입안 가득 채워졌다. 상로스카츠의 매력을 충분히 느낄 수 있었다.

팁

상로스카츠를 시키면
히레카츠 두 조각이 같이 나온다.

⌈ 이길 자가 없는 최상의 익힘 상태.

⌈ 사이드 메뉴인
  아부라비빔면도 맛있다.

돈가스 외에 다른 사이드 메뉴들도 맛있었다. 사이드 메뉴에는 '아부라비빔면'과 '온면'이 있었다. 돈가스를 먹으면서 같이 먹기에 너무나도 좋은 면 요리였다. 직원분들의 접객도 훌륭했다. 계속 돌아다니시면서 작은 부분까지도 신경을 써주셔서 섬세한 서비스를 체험할 수 있었다. 방문할수록 중독이 될 수밖에 없는 곳이었다.

명동돈가스

명동의
터줏대감 돈가스

서울 중구

코돈부루

주소 서울 중구 명동3길 8
대중교통 을지로입구역 5번 출구에서 3분 / 명동역
　　　　6번 출구에서 6분
운영 시간 11:00-21:00
　　　　　（토, 일 브레이크 타임 15:00-17:00）
웨이팅 난이도 하
추천 메뉴 및 가격 코돈부루 19,000원
평균 가격대 17,000원

1983년부터 명성을 이어오고 있는 정통 일식 돈가스 가게다. 명동에 가면 무조건 들르게 되는 마성의 매력을 가진 곳이다. 가장 인기 있는 메뉴인 '코돈 부루'는 얼핏 보면 치즈돈가스와 비슷하게 생겼다. 하지만 돈가스 속에는 치즈와 피망, 양파 등 다양한 채소가 함께 어울려 놓고 있다. 명동돈가스는 1층과 2층을 써서 자리가 많아 들어가자마자 앉을 수 있었다. 바로 코돈부루를 외쳤다.

겉으로 봐도 바삭해 보이는 튀김옷과 잡아당기면 쭉 늘어날 것 같은 치즈가 잘 어우러진 모습으로 등장했다. 치즈가 흘러나오면서 채소의 향긋함까지 뿜고 있었다. 한 입 먹어보니 이에 닿자마자 바삭함이 느껴졌다. 과자를 먹는 듯한 바삭함이었다. 치즈와 채소를 같이 씹을수록 치즈 향 사이로 채소의 향긋함이 잘 느껴졌다. 마치 콤비네이션 피자를 연상케했다. 채소를 싫어해도 맛있게 먹을 수 있는 돈가스였다.

마치 콤비네이션 피자를 먹는 기분!

팁

후식으로 나오는 파인애플로 마무리를 깔끔하게!

타바스코 소스를 곁들이면 독특한 맛을 느낄 수 있다.

이국적인 맛을 느껴보자. 이 메뉴를 시키면 타바스코 소스도 같이 내어주신다. 반쯤 먹었을 때 타바스코 소스를 곁들여서 먹어보았다. 톡 쏘는 매콤함이 치즈와 잘 어울려서 중독성이 강했다. 느끼함을 아예 없애주는 소스였다. 그렇게 돈가스가 어느새 바닥을 보였다. 마지막까지 아쉬움 없이 맛있게 먹을 수 있었던 돈가스였다.

명인돈가스

서울 중구

차원이 다른 크리미함으로
마음까지 녹이는 치즈

코돈부루(치즈돈가스)

주소 서울 중구 을지로12길 22
대중교통 을지로3가역 10번 출구에서 3분
운영 시간 11:00-20:00
　　　　　　 (브레이크 타임 14:00-17:00 / 토, 일 휴무)
웨이팅 난이도 하
추천 메뉴 및 가격 코돈부루(치즈돈가스) 14,000원
평균 가격대 13,000원

명동에 명동돈가스가 있다면 을지로3가에는 명인돈가스가 있다. 명동돈가스 출신인 사장님이 운영하는 곳이다. 가게에 들어서자 벽지와 테이블에서 옛 감성이 바로 느껴졌다. 벽에 걸린 메뉴판을 보면서 '코돈부루(치즈돈가스)'를 외쳤다. 먼저 깍두기와 밥과 장국이 나온다. 장국 뚜껑은 뒤집으면 소스 그릇으로도 사용할 수 있다는 팁까지 전수받았다. 메뉴가 나오기 전에 후다닥 세팅을 한 뒤 돈가스를 맞이할 준비를 했다.

바삭함, 아삭함, 부드러움을
모두 느낄 수 있다.

팁

점심에 직장인이 몰려서 여유롭다면
저녁 시간대에 가는 것도 방법이다.

향기롭게 등장한 코돈부루다. 돈가스 사이로 치즈와 채소들이 빼꼼 나와 있었다. 명인돈가스의 코돈부루에는 다양한 재료가 들어 있다. 피망과 양파, 당근이 기본적인 틀을 잡아주고, 버섯은 식감과 맛을 끌어올려주었다. 한 조각을 집어 들면 치즈가 흘러내리면서 채소의 향이 자연스레 퍼지는데 향만 맡아도 기분이 좋아졌다. 치즈는 굉장히 크리미하고 부드러웠다. 바삭한 튀김옷 덕분에 치즈가 더 부드럽게 느껴졌다.

채소들의 활약 또한 빼놓을 수 없다. 양파와 피망이 아삭하게 씹히면서 식감을 풍부하게 만들었다. 양파는 자연스러운 단맛을 내주고 같이 씹히는 피망은 향을 풍부하게 해줘서 질리지 않았다. 곁들여 나온 샐러드에는 참깨 드레싱을 가득 뿌려서 먹으니 행복으로 가는 지름길을 찾은 기분이었다. 앞서 소개한 명동돈가스의 코돈부루가 바삭함에 집중하고 있다면, 이곳은 치즈의 부드러움에 초점이 잡혀 있다. 크리미한 코돈부루가 궁금하다면 꼭 가봐야 할 곳이다.

우메돈

서울 중구

차원이 다른 바삭함을 느낄 수 있는 저온카쓰

주소 서울 중구 충무로 31 1층
대중교통 을지로3가역 9번 출구에서 2분
운영 시간 11:30-21:00
                  (브레이크 타임 15:30-17:00)
웨이팅 난이도 중
추천 메뉴 및 가격 모듬 22,000원
평균 가격대 18,000원

어느 날 을지로에 저온카쓰 가게가 생겼다. 경양식 돈가스와 1세대 일식 돈가스 가게가 가득한 을지로에 저온카쓰를 파는 곳이라니 색달랐다. 가게 외관이나 내부 인테리어는 일본의 어느 매장을 옮긴 것 같았다. 인테리어만 보고도 이미 저온카쓰에 대한 진심이 느껴졌다. 가오픈 기간에는 다양한 품종이 있었지만 현재는 제주 흑돼지만을 숙성해서 만든다. 어떤 맛일지 기대를 하며 '모듬'과 '안심'을 외쳤다.

아름다운 순백의 모듬 저온카쓰가 나왔다. 모듬의 구성은 등심, 안심, 닭 안심이다. 원래 모듬은 등심과 안심뿐이었지만 2025년 봄부터 닭 안심이 추가됐다. 새롭게 나타난 닭 안심부터 먹어보았다. 눈을 밟는 듯한 튀김옷 식감에 육즙이 가득하고 부드러운 닭 안심은 최고의 한 입이었다. 등심은 고기 향이 진했고 부드러움에 취할 만큼 부드러웠다. 지방층에 겨자와 훈연 말돈 소금을 얹어서 맛있게 즐겼다.

팁

캐치테이블로 예약이 가능해서 웨이팅 없이 즐길 수 있다.

⌈ 닭 안심까지 맛볼 수 있는 모듬.

⌈ 눈처럼 녹는 듯한 안심.

안심은 물감을 칠한 듯 짙은 선홍빛을 띠고 있었다. 식감이 폭신하고 고기 향이 부담스럽지 않아 수준이 높다는 인상을 받았다. 사르르 녹을 것 같은 튀김옷이 안심과 정말 잘 어울렸다. 훈연 말돈 소금만 찍어서 먹는 것이 안심을 제대로 느끼기에 좋았다. 안심과 겨자와의 조합도 좋았지만 겨자는 등심의 지방층과 더 잘 어울렸다. 전체적으로 좋은 퀄리티의 돈가스를 즐길 수 있었다.

쿠부타야

서울 중구

매력적인 다레 소스에 적신 돈가스

로스 타레카츠 단품과 히레 타레카츠 한장

주소 서울 중구 다산로18길 21
대중교통 약수역 3번 출구에서 5분
운영 시간 11:30-21:00
        (브레이크 타임 15:30-18:00 / 일 휴무 /
        월·화요일은 15:30까지 영업)
웨이팅 난이도 하
추천 메뉴 및 가격 로스 타레카츠 단품 10,300원,
        히레 타레카츠 한장 3,000원
평균 가격대 15,000원

일본 니이가타현에서 유명한 다레카쓰(타레가츠, 타레카츠)를 한국에서도 만날 수 있는 곳이다. 다레카쓰는 얇은 돈가스에 다레(타레) 소스를 적셔서 먹는 돈가스다. 쿠부타야에선 다레카쓰로 만든 가쓰돈이 있어서 색다른 가쓰돈을 즐기기에 좋다. 가게에 들어서니 고소한 밥 향기가 반겨줬다. 곧바로 '로스 타레카츠 단품'과 '히레 타레카츠 한장' '명란튀김'을 외쳤다.

돈가스가 얇아 튀김옷의 고소함을 가득 느낄 수 있는 가쓰돈이다. 로스 타레카츠 단품엔 총 네 장의 돈가스가 있었다. 세 장은 밥 위에 나오고 한 장은 밥 아래에 숨겨져 있었다. 돈가스를 세 장으로 푸짐하게 즐기다 보면 마지막 한 장이 기분 좋게 마중을 나온다. 다레 소스는 달착지근해서 중독성이 있었다. 돈가스가 얇고 넓은 편이라 소스가 튀김옷에 닿는 면적이 상대적으로 컸다. 덕분에 다레의 맛을 충분히 즐길 수 있었다. 밥과 돈가스, 소스의 단순한 조합이 계속 숟가락을 들게 했다.

팁

[먹다 보면 마지막 돈가스 한 장이 등장한다.

**부드러움을 좋아한다면
'히레 타레카츠 정식'을 추천한다.**

[조화가 좋은
명란튀김과 마요네즈.

히레 타레카츠 한장을 시켰을 때 단순히 돈가스 한 장이 나올 거라 생각했다. 그런데 다레에 적신 돈가스와 밥이 함께 나와 작은 한 그릇 같았다. 괜스레 기분이 더 좋아졌다. 히레는 로스와는 다른 부드러움이 매력적이었다. 명란튀김은 라이스페이퍼에 김과 명란을 말아서 튀긴 것이다. 명란이 조금 짤 수도 있는데 같이 나온 마요네즈를 찍어 먹으면 간이 적당하게 느껴졌다. 가쓰돈과 곁들이기 좋은 사이드 메뉴였다.

필동카츠

서울 중구

가쓰돈과
덴돈의 만남

메가카츠동

주소 서울 중구 필동로 7-3 1층
내중교통 충무로역 1번 출구에서 2분
운영 시간 10:30-21:00
　　　　　 (토, 일 브레이크 타임 16:00-17:00)
웨이팅 난이도 하
추천 메뉴 및 가격 메가카츠동 17,000원
평균 가격대 12,000원

충무로에서 돈가스가 당길 때 들르는 곳이다. 작은 가게지만 엄청난 한 그릇을 만날 수 있다. 주문은 가게 밖에 있는 키오스크에서 한 뒤, 자유롭게 빈자리에 앉으면 된다. 필동카츠의 특별한 점은 덴돈(텐동)과 가쓰돈을 접목시켰다는 것이다. 메뉴를 보다가 이름만 들어도 설레는 '메가카츠동'을 외쳤다.

예사롭지 않은 메가카츠동이 등장했다. 일반 덴돈은 그릇 위쪽에 접시를 세로로 꽂아서 준다. 하지만 메가카츠동은 튀김 종류가 너무 많아서 접시를 꽂지 못해 따로 내준다. 메가카츠동에는 느타리, 연근, 단호박, 꽈리고추, 가지 등의 채소 튀김과 '멘츠카츠' '등심카츠' '안심카츠'가 함께 나왔다. 멘츠카츠부터 식기 전에 먹어보았다. 다진 고기와 파가 들어간 멘츠카츠를 씹으니 파 향이 강하게 퍼져서 입안에 향긋함이 퍼졌다. 안심카츠와 등심카츠 모두 색감이 예쁘고 부드러웠다. 채소 튀김이 폭신한 듯 바삭했다면, 돈가스는 빵가루의 존재감이 확실하게 느껴져 대비가 되면서도 조화롭게 잘 어울렸다.

┌ 한쪽 그릇에 튀김을 옮겨
└ 돈가스를 먼저 먹어보자.

팁

맛에 변주를 주고 싶을 땐
시치미와 소금을 섞어서 찍어 먹자.

┌ 부드러운 식감을 주는 촉촉한 달걀.

튀김과 돈가스 밑에서 달걀이 인사를 하고 있었다. 돈가스를 한입을 먹고 나서 달걀 이불을 덮은 밥을 먹었다. 달걀은 촉촉함으로 무장한 상태로 바삭함을 부드럽게 감싸주는 엄마 같은 역할을 해줬다. 밥에 뿌려진 소스는 많진 않았고 어느 정도 스며들 정도만 뿌려져 있었다. 덕분에 튀김과 돈가스의 향을 조금 더 잘 느낄 수 있었다. 소스는 주연 배우를 더 빛나게 해주는 조연 같은 역할이었다.

하이가쯔

서울 중구

**김치전의 맛과 향이
담긴 돈가스**

김치코돈부르

주소 서울 중구 다산로 133 1층
내충교통 약수역 2번 출구에서 1분
운영 시간 11:00-20:30
　　　　　　(금 휴무)
웨이팅 난이도 하
추천 메뉴 및 가격 김치코돈부르 14,000원
평균 가격대 13,500원

약수역에서 '코돈부르'라는 메뉴로 이름을 알린 가게다. 근처 직장인이라면 점심시간에 한번씩 들르게 되는 곳이다. 가게가 현재 위치로 이전하면서 상당히 넓어졌다. 1층뿐만 아니라 지하도 함께 있어서 웨이팅을 길게 하지 않을 수 있었다. 웨이팅이 있는 점심시간을 피하면 복잡하지 않게 식사할 수 있다. 메뉴에는 다양한 돈가스가 있었다. 그중에서도 하이가쯔에서만 맛볼 수 있는 '김치코돈부르'를 외쳤다.

김치전의 상위호환 돈가스다. 일반적으로는 피망이나 당근 같은 다양한 채소와 치즈가 함께 들어간다. 다만 이곳의 김치코돈부르는 치즈와 김치만의 조합으로 승부를 본다. 속이 살짝 빨간 돈가스가 나왔다. 한 조각을 들어보니 치즈가 두루마리처럼 늘어났다. 맛은 김치전에 들어 있는 김치의 맛과 거의 똑같았다. 거기에 겉은 바삭하고 치즈의 풍미까지 더해져 엄청난 맛이 났다. 더 이상 전집을 가지 않아도 될 정도로 김치의 신맛이 깔끔했고 치즈와 잘 어우러졌다. 김치코돈부르는 김치의 아삭함과 튀김옷의 바삭함이 서로 짝을 이룬 돈가스다.

팁

김치, 치즈, 튀김옷의 조합이
단순하지만 깔끔하다.

코돈부르, '안심까스' '생선까스'가 포함된
'하이가쯔스페셜'은 엄청나게 푸짐해서
둘이 먹기 좋다.

반찬으로 나오는 무말랭이는 킥!

어느 정도 맛을 봤다면 색다른 식감을 더해보자. 같이 나오는 무말랭이 한 조각을 돈가스 위에 얹어 먹으니 꼬독꼬독한 식감이 추가되어 색다르게 즐길 수 있었다. 몇 조각 남았을 때 곁들이면 지루하지 않게 먹을 수 있어서 좋았다.

마쯔무라
돈까스 본점

서울 도봉구

돈가스로 탑을
쌓을 수 있는 곳

가족 세트

주소 서울 도봉구 노해로63길 84 지하1층
대중교통 창동역 2번 출구에서 30초
운영 시간 09:00-18:00
　　　　　　　(월, 일 휴무 / 토요일은 16:00까지 영업)
웨이팅 난이도 중
추천 메뉴 및 가격 가족 세트 46,000원
평균 가격대 10,500원

1세대 돈가스를 배불리 먹고 싶을 때 생각나는 곳이다. 창동역 바로 근처에 있어서 역에서 30초도 걸리지 않을 만큼 가깝다. 점심시간에는 살짝 붐비기도 해서 그 시간대만 지나면 웨이팅 없이 여유롭게 즐길 수 있다. 이곳의 특별한 점은 돈가스의 양별로 메뉴를 나눈다는 점이다. 소식가를 위한 '아이들 돈까스(레이디 돈까스)'부터 대식가를 위한 '커플 세트'와 '가족 세트'까지 있다. 가장 양이 많은 세트를 외치고 싶어서 친구들을 불러 가족 세트를 외쳤다.

쟁반막국수 대자도 거뜬하게 담길 엄청난 그릇이 등장했다. 가게에서 파는 모든 종류의 튀김이 올라가 있었다. '치킨까스'부터 시작해서 '로스까스' '히레까스' '치즈까스' '새우튀김'까지 한가득 올라가 있었다. 치즈가 굳을까 봐 먼저 먹었다. 바삭함이 살아 있고 치즈의 부드러움과 향이 좋았다. 로스까스나 히레까스는 추억의 1세대 돈가스 스타일로 깔끔함과 바삭함이 돋보였다. 깨를 갈아서 돈가스 소스와 함께 먹었더니 자연스레 밥도 곁들이게 만드는 매력적인 맛이었다. 그리고 가족 세트를 더욱 풍성하게 만드는 치킨까스와 새우튀김까지 먹으니 충분히 배불렀다.

음식이 나오면 식기 전에 치즈부터 먹어보자.

팁

두 명이라면 커플세트를 추천한다.

이 정도로 깨를 한가득 찍어야 맛있다.

1세대 돈가스는 이렇게 먹어보자. 우선 깨를 잔뜩 갈자. 그 후에 돈가스에 깨를 한가득 찍어서 먹자. 깨의 고소함과 튀김옷의 고소함이 만나 엄청나게 증폭된 고소함을 느낄 수 있다. 돈가스 소스를 붓기 전에 항상 따르는 루틴이다. 가족 세트엔 음료수 두 개가 나온다. 이런저런 조합으로 먹다가 지칠 때쯤 음료수로 입가심을 하고 재정비하면 더 맛있게 많이 먹을 수 있다.

돈까스먹는 용만이

서울 노원구

시도해본 돈가스만 60개가 넘는다!

칠리 마늘 돈까스

주소 서울 노원구 한글비석로20길 52
대중교통 상계역 1번 출구에서 2분
운영 시간 10:30-20:30
(월, 화 휴무)
웨이팅 난이도 하
추천 메뉴 및 가격 칠리 마늘 돈까스 13,000원
평균 가격대 12,000원

노원구를 대표하는 돈가스 가게다. 〈백종원의 삼대천왕〉 등 다양한 TV 프로그램에서 이름을 알렸다. 사장님은 '돈사모(돈까스를 사랑하는 사람들의 모임)'라는 네이버 카페를 운영하시기도 한다. 이곳의 재밌는 포인트는 경양식 돈가스만 판매하지 않고 여러 가지 특별한 돈가스도 판매한다는 점이다. '사장님의 상상은 현실이 된다!'라는 말이 저절로 떠오르는 엄청난 메뉴들이다. '까르보 돈까스'와 '칠리 마늘 돈까스'는 무조건 시켜야 할 인기 메뉴로 알려졌다. 자주 들러서 다양한 메뉴를 먹어보다가 칠리 마늘 돈까스에 매료되어서 앉자마자 칠리 마늘 돈까스를 외쳤다.

팁

매운맛을 좋아한다면
'HOT 마늘 돈까스'를 추천한다.

⌈ 그동안 사장님이 시도해본 메뉴들.

돈가스 위에 칠리 소스가 가득 뿌려져 있었다. 그 위로 기왓장처럼 마늘 플레이크가 돈가스를 덮고 있었다. 칼로 썰어서 한 입 먹어보았다. 돈가스를 씹고 있었지만 마늘 양념 치킨을 먹는 듯했다. 마치 양념 치킨 소스 같기도 했는데 싹싹 긁어 먹게 만드는 매력이 있었다. 칠리 소스에 돈가스만 스며든 것이 아니라 먹는 나도 함께 스며들었다.

마늘 플레이크도 얹어서 같이 먹었다. 마늘을 좋아하는 사람이라면 무조건 반할 수밖에 없는 맛이었다. 중독성이 강해서 먹다 보니 마지막 한 조각만 남아 있었다. 만족감이 엄청난 돈가스였다.

⌈ 소스와 스파게티의 합이 좋아서
  칠리 마늘 돈까스만 외치게 된다.

돈가스와 함께 스파게티도 나왔다. 양은 적지만 존재감은 엄청나다. 특히 칠리 마늘 돈까스를 시키면 스파게티의 활약이 돋보인다. 남은 칠리 소스를 스파게티와 함께 비벼준 뒤 호로록 먹다 보면 스파게티가 칠리 마늘 돈까스의 숨겨진 별미라는 것을 깨닫게 된다. 식사를 확실히 마무리하기 위해 음료수 한 잔을 원샷했다. 이곳은 음료가 무료라서 더욱 기분 좋게 마무리할 수 있었다.

하이레

서울 노원구

돈가스로 일본 여행을 시켜주는 곳

난축맛돈 특등심카츠

주소 서울 노원구 광운로12길 6 1층
대중교통 광운대역 1번 출구에서 6분
운영 시간 10:30-20:00
　　　　　　(브레이크 타임 14:30-16:00 / 토, 일 휴무)
웨이팅 난이도 중
추천 메뉴 및 가격 난축맛돈 특등심카츠 16,500원
평균 가격대 14,000원

가게에 들어서자마자 일본 감성이 느껴진다. 사장님이 다양한 일본풍의 물건들로 가게를 꾸민 덕분이다. 하이레는 고양시의 백석점과 여기서 소개하는 노원점, 총 두 곳이 있다. 본점과 직영점으로 나누기보단 전달 매출이 더 높은 곳이 본점 타이틀을 가져가는 재미있는 방침이었다. 하이레에 자주 방문하면서 다양한 메뉴를 외쳐봤고 이번엔 '난축맛돈 특등심카츠'와 '안심+새우'를 외쳤다(현재 안심+새우는 '모듬카츠(등심, 안심, 새우)'로 업그레이드되었다).

하이레의 난축맛돈은 왜 더 맛있을까. 난축맛돈 특등심카츠는 아름다운 색깔부터 마음에 들었다. 돈가스를 먹기 전부터 보이는 하이레만의 수란과 명이나물 등 다양한 곁들임이 시선을 사로잡았다. 여러 가지 곁들임으로 자신만의 돈가스 조합을 찾아내는 것이 이곳의 또 다른 재미라고 생각한다. 한 입 먹어보니 풍미 가득한 버터를 먹은 듯 고기 향이 고급스러웠다. 다음 조각이 기대됐다. 가끔가다 사장님이 일본의 돈가스 가게 '뉴베이브'의 그릇을 오마주한 그릇에 내어줄 때가 있는데 그때 곁들인 메이플 시럽도 돈가스와 잘 어울렸다.

안심+새우가 등장했다. 안심과 새우의 비주얼이 훌륭했고 튀김옷의 두께가 얇아서 고기에 더 집중이 됐다. 안심을 젓가락으로 들어보니 육즙이 인공눈물처럼 한 방울씩 똑똑 떨어졌다. 눈으로도 촉촉함이 느껴졌다. 부드러움과 촉촉함은 기본이었다. 명이나물과 와사비를 함께 먹으면 명이나물의 향이 끝나갈 때쯤 와사비의 향으로 자연스럽게 이어져서 더 맛있었다. 새우는 향이 좋고 탱글했다. 안심+새우 메뉴 외에도 사이드 메뉴로 '에비후라이'가 따로 있었다. 다른 메뉴를 먹을 때도 꼭 추가로 시켜서 먹어야 할 맛이었다.

팁
'커리 누들 세트'는 돈가스 부위를 등심에서 안심으로 바꿀 수 있다.

'카츠산도(위)', '햄카츠(좌)', '치즈튀김(우)' 등 사이드 메뉴도 상당히 다양한 편.

곁들일 것이 다채롭게 나온다.

기분이 눅눅할 땐 돈가스 앞으로

2장

인천·경기도·강원도

계산동
수제돈까스

인천광역시 계양구

지방과 살코기의
완벽한 비율

수제 목심까스

주소 인천 계양구 계산로 149 영동프라자(재현빌
딩) 202호

대중교통 경인교대입구역 3번 출구에서 9분

운영 시간 11:00-20:40
(평일 브레이크 타임 14:10-17:00, 토, 일
브레이크 타임 15:10-17:00 / 월 휴무)

웨이팅 난이도 하

추천 메뉴 및 가격 수제 목심까스 14,000원

평균 가격대 13,500원

인천 계산동에서 발견한 돈가스 가게다. 경인교대입구역 근처에 자리해
있는데 동네 주민이 아니면 알기 힘든 위치였다. 주변 돈가스 가게 사장님들이
계산동 수제돈까스의 돈가스가 맛이 좋다고 해서 바로 달려갔다. 메뉴를 살펴
보니 경양식 돈가스와 일식 돈가스를 모두 판매하고 있었다. 여러 메뉴들을 보
다가 가장 맛있어 보이는 '수제 목심까스'를 외쳤다.

수제 목심까스가 수프와 함께 나왔다. 일식 돈가스를 시켜도 수프를 먹을
수 있었다. 돈가스는 한돈 목심으로 만들었고, 먹물 빵가루를 사용한 튀김옷은
연탄보다도 더 검은색을 띠었다. 그래서인지 선홍빛의 잘 익은 목살은 마치 연
탄불에 타고 있는 것처럼 보였다. 돈가스는 투박한 듯 정겹게 쌓여서 나왔다.
한눈에 봐도 살코기가 촉촉해 보였다. 먹어보니 살코기가 목살 특유의 쫄깃함
을 유지한 채 부드럽게 씹혔다. 지방층은 돼지고기의 풍미가 가득해서 고소함
이 한가득 느껴졌다. 혼자만 알고 싶은 돈가스 가게가 생긴 기분이었다.

다양한 곁들임이 나와서 여러 방법으로 돈가스를 즐길 수 있었다. 돈가스
접시에 와사비와 히말라야 핑크 소금, 히말라야 블랙 소금이 나왔다. 우선 지
방층이 있는 부위에는 와사비를 얹고 지방에서 오는 감동적인 고소함에 와사
비 향을 입혀서 먹었다. 그러니 느끼함을 꽉 잡아줘서 질리지 않고 계속 먹을
수 있었다. 히말라야 핑크 소금은 돈가스에 간을 더해줘서 고기를 더 맛있게
만들었다. 히말라야 블랙 소금은 구운 달걀 맛이 나는 소금이라 이색적으로 돈
가스를 즐길 수 있었다.

팁

[쉽게 보지 못하는 히말라야 블랙 소금.

샐러드 드레싱이 새콤달콤하기 때문에
돈가스를 제대로 즐기려면 나중에 먹는 편이 좋다.

[돈가스와 와사비의 조합은 언제든 최고다.

은옥
청라본점
인천광역시 서구

청라에서 줄서는
이유가 있는 돈가스

특로스(가브리살)정식

주소 인천 서구 청라커낼로329번길 19-3
대중교통 칭리 고제도시역에서 버스로 17분
운영 시간 11:00-20:00
          (브레이크 타임 15:00-17:00 / 일 휴무)
웨이팅 난이도 중
추천 메뉴 및 가격 특로스(가브리살)정식 15,000원
평균 가격대 15,000원

청라에서 점심만 되면 사람들이 약속이라도 한 듯 이곳에 모인다. 더워도 추워도 기다릴 가치가 있는 곳이기 때문이다. 웨이팅은 가게 앞 캐치테이블로 하면 된다. 가게에 들어가면 혼밥 하기 좋은 바 테이블과 여러 테이블이 있었다. 내부는 상당히 깔끔하고 넓어서 만족스러웠다. 들어가자마자 오른쪽에 있는 키오스크로 바로 '특로스(가브리살)정식'과 사이드 메뉴로 '햄치즈카츠'를 외쳤다.

큰지막한 돈가스가 등장했다. 특로스정식이 나오자마자 바로 입이 벌어졌다. 고기의 크기가 상당히 커서 젓가락으로 한 조각을 들 때 힘을 줘야 했다. 특로스정식에는 '한컵카레'가 같이 포함되어 나와 덕분에 쟁반이 다양한 곁들임으로 꽉 찼다. 우선 돈가스를 한 조각 먹어보았다. 야들야들한 식감이 느껴졌다. 근막 부분도 질기지 않고 부드러워서 거슬리는 식감이 없었다. 같이 나온 소금과 와사비와의 궁합이 완벽했다. 튀김옷이 가득한 가장자리는 카레에 듬뿍 찍어서 먹었다. 튀김옷의 고소함에 카레의 향이 더해져서 더 맛있게 즐길 수 있었다.

팁

햄치즈카츠는 돈가스를 먹고 나서 후식으로 먹으면 좋다.

┌ 카레와의 조합이 좋다.

┌ 마치 몬테크리스토 샌드위치의
└ 돈가스 버전 같다.

누구도 거부할 수 없는 비주얼의 햄치즈카츠다. 비주얼뿐만 아니라 맛도 놀라웠다. 햄과 치즈가 겹겹으로 쌓여 있어서 치즈의 녹진함과 햄의 향이 잘 어우러졌다. 겉에 뿌려진 꿀의 달콤함, 치즈와 햄의 짠맛이 완벽한 '단짠(단맛과 짠맛의 어우러짐)'을 만들었다. 행복하게 만들어주는 사이드 메뉴였다. 다 먹고 나선 또다시 오고 싶다는 생각을 하게 됐다. 이런 맛이면 줄을 서더라도 먹으러 가고 싶은 곳이었다.

이이칸지
청라
인천광역시 서구

**한국인 입맛에 맞춘
나고야식 철판 미소카츠**

미소카츠정식

주소 인천 서구 청라커낼로319번길 9 1층 102호
대중교통 청라국제도시역에서 버스로 17분
운영 시간 11:00-21:00
　　　　　(브레이크 타임 15:00-17:00 / 월 휴무)
웨이팅 난이도 하
추천 메뉴 및 가격 미소카츠정식 18,000원
평균 가격대 14,500원

청라에서 나고야의 맛을 느낄 수 있다고 해서 다녀온 곳이다. 나고야에서 유명한 미소카쓰와 얼마나 비슷할지 궁금했다. 사장님의 어머님이 나고야에서 살고 계셔서 자연스럽게 일반적인 일식 돈가스에서 미소카쓰(미소카츠)까지 넓힐 수 있었던 것 같다. 가게의 바 테이블에 앉았는데 다른 손님들이 주문한 기본 돈가스가 보였다. 김이 모락모락 나고 맛있어 보였다. 미소카쓰만 외치려다 이이칸지의 기본 돈가스도 궁금해져서 '믹스(로스+히레)카츠 정식'과 '미소카츠 정식'을 외쳤다.

믹스카츠 정식에는 등심과 안심이 나온다. 고온에서 바삭하게 잘 튀겨진 등심부터 먹어보았다. 튀김옷의 바삭함과 고소함이 강하게 느껴졌다. 강한 바삭함 후에 고기의 씹는 맛을 느낄 수 있다. 등심다운 등심을 먹는 듯했다. 씹는 식감이 있으면서도 촉촉해서 퍽퍽함은 없었다. 안심은 길게 한 줄이 나왔다. 누구나 맛있게 먹을 수 있는 촉촉한 안심이었다. 돈가스의 가장자리는 깊고 진한 맛을 내는 '한 입 카레'를 추가로 외쳐 함께 즐기니 더욱 풍부한 맛을 경험할 수 있었다.

팁

미소카츠는 정식으로 외쳐서 밥과 함께 즐기자.

┌ 기본을 잘 지킨 돈가스.

┌ 나고야를 느낄 수 있는 미소카츠.

대망의 미소카츠 정식이다. 철판 위로 소스를 직접 뿌리니 지글지글 끓기 시작하면서 증기기관차처럼 연기를 내뿜었다. 양배추가 미소 소스를 머금으면서 익어갔다. 촉촉한 돈가스와 양배추를 밥과 함께 먹었다. 적미소의 진한 감칠맛이 느껴져서 계속 젓가락질을 하게 됐다. 일본 현지보다 소스가 짜지 않아서 처음 먹는 사람도 맛있게 먹을 수 있는 맛이었다. 미소 소스로 적셔진 돈가스는 밥과 같이 먹으면 맛이 배가되어 연말 베스트 커플상을 노려도 될 것 같았다. 색다른 돈가스가 먹고 싶을 때 시도하면 좋겠다.

지츠겐

인천광역시 연수구

드라이에이징 난축맛돈으로
돈가스를 만드는 곳

누룩 난축맛돈 특상로스카츠

주소 인천 연수구 하모니로 144 송도 지웰푸르지오
시티 A동 128호
대중교통 인천대입구역 1번 출구에서 7분
운영 시간 11:30-21:00
(브레이크 타임 14:30-17:30 / 토, 일 휴무)
웨이팅 난이도 중
추천 메뉴 및 가격 누룩 난축맛돈 특상로스카츠
32,000원
평균 가격대 19,000원

요즘 유행하는 난축맛돈 돈가스를 먼저 판매하기 시작한 곳이다. 사장님은 고기에 진심이라 숙성을 배우러 다녔다고 한다. 덕분에 누룩에 드라이에이징을 한 난축맛돈 돈가스를 맛볼 수 있게 되었다. 이곳은 오전에는 웨이팅이 많아서 오후에 가는 것을 추천한다. 부리나케 달려가서 '누룩 난축맛돈 특상로스카츠'와 '치즈폭포카츠'를 외쳐보았다.

누룩 난축맛돈 특상로스카츠가 나오자마자 고기 향이 강하게 퍼졌다. 누룩으로 30일 동안 드라이에이징을 거친 돼지고기로 만든 돈가스다. 돼지와 누룩이 만들어낸 좋은 고기 향을 강력하게 느낄 수 있다. 말돈 소금을 뿌려서 먹으니 충격을 받을 정도로 맛있는 극강의 한 입을 맛보았다. 바삭함은 거들 뿐 고기의 맛에 집중된 돈가스였다. 역시 고기 숙성의 달인이라 말할 법하다. 지방층에서는 버터처럼 진한 향이 났다. 같이 나온 메이플 시럽과 최고의 궁합을 자랑했다. 프렌치 토스트를 먹을 때 곁들이는 버터와 메이플 시럽의 조합이 생각나는 맛이었다. 느끼해질 때면 같이 나온 갓절임과 명이나물을 곁들여서 먹으면 좋다. 갓절임과 명이나물은 드라이에이징 메뉴를 외쳐야만 나온다.

┌ 드라이에이징을 먹을 때만
└ 맛볼 수 있는 곁들임.

팁

예약은 하루에 오전 한 팀,
오후 한 팀만 받는다.

┌ 이름 그대로 치즈가 폭포처럼 쏟아진다.

지츠겐의 또 다른 명작은 치즈폭포카츠다. 세 가지 치즈를 사용한 돈가스다. 돈가스는 사선을 잘려서 나오는데 이름 그대로 치즈가 폭포처럼 흘러내렸다. 급하게 젓가락으로 치즈를 담아서 한 입 먹어보았다. 녹진하고 고소함이 너무 좋은 치즈였다. 체다치즈의 맛도 느껴지면서 모차렐라치즈처럼 길게 늘어나 맛도 재미도 모두 잡은 돈가스였다. 마늘 향이 강한 수제 치즈 소스를 듬뿍 찍어 먹으면 더 맛있게 즐길 수 있다.

잉글랜드 경양식돈까스

인천광역시 중구

어린 시절로
돌아갈 수 있는 돈가스

잉글랜드 옛날돈까스

주소 인천 중구 우현로90번길 7 헤닝빌딩 2층
대중교통 동인천역 1번 출구에서 4분
운영 시간 11:30-20:30
　　　　　　(브레이크 타임 16:00-17:00 / 월 휴무)
웨이팅 난이도 하
추천 메뉴 및 가격 잉글랜드 옛날돈까스 12,000원
평균 가격대 15,500원

인천에서 경양식을 논한다면 빠지지 않고 등장하는 곳이다. 다양한 방송에도 출연하면서 인기가 더 많아졌다. 2층에 있는 가게에 들어서면 바로 80년대로 건너간 기분이 든다. 돈가스 역시 40년 동안 맛이 변하지 않았다. 이곳의 대표 메뉴인 '잉글랜드 옛날돈까스'를 외쳤다. 외치자마자 직원이 밥과 빵 중 무엇을 고를지 물었다. 진정한 '경양식 러버'로서 기본으로 빵을 외친 후에 밥을 추가했다.

옛날 경양식 돈가스 가게에만 있는 곁들임인 수프와 케요네즈 양배추 샐러드가 먼저 나왔다. 수프와 케요네즈 샐러드는 셀프 코너에서 마음껏 가져올 수 있었다. 세팅하다 보니 빵과 밥이 나왔다. 이제 돈가스만 나오면 완벽해질 차례다. 대망의 돈가스가 나오고 식사가 시작됐다. 돈가스를 먹기 좋게 썰면서 겉면의 바삭함을 느꼈다. 썰어서 단면을 보니 얇게 잘 펴져 있었다. 돈가스 소스는 달콤하고 부드러웠고, 농도가 있어서 돈가스의 밑면에 소스가 묻지 않아 위는 촉촉하고 밑은 바삭했다. 데미글라스 소스가 돈가스의 튀김옷과 만나서 더 고소하게 느껴졌다.

팁

메뉴를 외친 후에는 가게 입구에 있는
음료수 기계에서 음료를 무료로 마음껏 먹을 수 있다.

[눅눅하지 않고 촉촉하다.

[빵이 나오는 곳에선
무조건 먹어야 하는 돈가스 버거.

경양식 돈가스 가게만 오면 요리사가 된다. 우선 빵 두 조각 중 한 조각은 딸기잼만 발라서 즐겼다. 나머지 한 조각은 빵에 딸기잼을 바른 뒤 돈가스와 샐러드를 가득 넣어서 돈가스 버거를 만들어서 먹었다. 빵과 샐러드, 돈가스는 필승 조합이라 맛이 없을 수가 없었다. 밥은 고슬고슬해서 돈가스를 반찬처럼 먹기에도 좋았다. 돈가스와 케요네즈 샐러드를 듬뿍 찍어서 먹으면 엄마 손을 잡고 돈가스를 먹으러 갔던 어린 시절로 돌아갈 것만 같았다.

즐겨찾기 돈까스

경기도 고양시

김치, 날치알,
깻잎이 들어간 돈가스

김치돈가스

주소 경기 고양시 덕양구 중앙로557번길 18 1층
대중교통 화정역에서 버스로 10분
운영 시간 11:00-01:00
　　　　　　(평일 브레이크 타임 15:00- 16:30 /
　　　　　　월 휴무 / 토요일은 16:30부터 영업)
웨이팅 난이도 하
추천 메뉴 및 가격 김치돈가스 12,000원
평균 가격대 11,500원

고양시에는 돈가스 은둔 고수가 숨어 있다. 길을 걷다가 간판에 돈가스라는 단어 하나 때문에 들어가게 된 곳이다. 그곳에서 '김치돈가스'를 발견했다. 저녁엔 호프집도 같이 해서 어떤 돈가스가 나올지 궁금했다. 그렇게 바로 김치돈가스를 외쳤다.

주문이 들어간 뒤에 주방에선 망치 소리가 들렸다. 주문 즉시 만들어주는 것 같아서 괜스레 기분이 좋았다. 비주얼부터 압도적인 녀석이 나왔다. 돈가스는 데미글라스 소스 위에 꽃처럼 얹어져서 나왔다. 돈가스가 꽃처럼 보였던 것은 돈가스 안에 깻잎과 김치, 날치알이 들어 있어서였다. 등심을 얇게 펴서 그 안에 속을 넣고 말아서 튀긴 것이다.

새콤하면서 중독성이 좋은 돈가스였다. 김치의 새콤함이 느끼함을 조금도 느끼지 못하게 만들었다. 깻잎으로 고기를 싸서 먹는 기분도 들었다. 돈가스 밑에 깔린 데미글라스 소스와 함께 숟가락으로 한 조각씩 떠 먹었다. 소스는 듬뿍 찍어 먹기보단 밑부분에 살짝 묻혀 먹는 방법이 적당히 달콤해서 좋았다. 바삭함 뒤에 깻잎 향과 김치의 새콤하고 아삭거림이 느껴졌고, 마지막으로 날치알이 톡톡 터졌다. 불꽃축제에서의 불꽃을 입안에서 느낀 기분이었다. 홀린 듯이 먹게 되는 정말 맛있는 돈가스였다.

자세히 보면 날치알이 콕콕 박혀 있다.

팁

여럿이라면 '모둠돈가스(안주류)'를 주문해 푸짐하게 먹는 것이 좋다.

데미글라스 소스를
콕 찍어서 먹어보자.

448돈까스 본점

경기도 광명시

구운 소뼈로 만드는
데미글라스 소스 돈가스

데미글라스돈까스

주소 경기 광명시 디지털로 20 정인고이빌딩 1층
대중교통 철산역 1번 출구에서 6분
운영 시간 11:00-20:50
　　　　　　　(브레이크 타임 15:50-17:00)
웨이팅 난이도 중
추천 메뉴 및 가격 데미글라스돈까스 12,000원
평균 가격대 12,000원

경기도 광명시에 엄청난 데미글라스 소스가 제공되는 돈가스가 있다고 해서 바로 찾아갔다. 소문이 널리 퍼졌는지 손님이 끊이질 않았다. 운이 좋게 빠르게 들어가서 '데미글라스돈까스'를 바로 외쳤다. '매콤크림돈까스'도 먹고 싶었지만 양이 많아서 고민이 됐다. 그때 '크림 소스 추가' 메뉴를 발견했다. 다른 메뉴의 소스를 추가 메뉴로 주문할 수 있어서 좋았다. 고민 없이 바로 크림 소스 추가까지 외쳤다.

데미글라스돈까스가 등장했다. 오목한 그릇에 진한 데미글라스 소스가 부어져 있었고 그 위로 두툼하고 바삭해 보이는 일식 돈가스가 있었다. 이어서 크림 소스와 조금의 잔치국수까지 나왔다. 먼저 국수로 위를 달랜 후 돈가스를 한 조각 집어들었다. 돈가스의 단면이 윤슬처럼 반짝이면서 빛이 났다. 입안에서도 눈으로 본 것처럼 촉촉함이 느껴졌다. 튀김옷은 기름이 잘 빠져 있고 바삭했다. 고온으로 튀겨서 튀김옷의 고소함까지 제대로 느낄 수 있었다. 구운 소뼈로 만든 데미글라스 소스라서 진한 감칠맛이 느껴졌다. 돈가스와 함께 먹으니 소스의 풍미 속에서 헤엄을 치는 것 같았다. 강한 향과 감칠맛이 느껴지며 달달하고 중독성이 있었다.

소스가 있어도 두툼하고 바삭해서
일식 돈가스의 느낌이 난다.

팁

밥을 추가하고 데미글라스 소스에 비벼서
돈가스와 함께 즐겨보자.

궁금한 소스가 있다면 꼭 추가해서
돈가스와 함께 먹어보자.

추가로 시킨 크림 소스와도 먹어보았다. 우유와 치즈의 고소함에 살짝 매콤한 맛을 더한 소스였다. 돈가스에 찍어 먹으니 크림파스타 소스를 묻혀서 먹는 맛이었다. 크림만 찍어 먹는 것도 좋았지만, 데미글라스에 한 번 찍은 뒤 크림 소스에 한 번 더 찍어 먹는 것을 추천한다. 데미글라스에 없었던 크리미함이 추가가 되어서 맛있게 먹을 수 방법이다. 먹은 뒤에도 계속해서 소스의 여운이 남는 곳이었다.

욘카츠

경기도 남양주시

남양주에 등장한
이상적 안심카쓰

히레카츠 정식

주소 경기 남양주시 경춘로1306번길 14 1층
대중교통 평내호평역 2번 출구에서 17분
운영 시간 11:00-20:00
　　　　　　　(브레이크 타임 15:00-17:00)
웨이팅 난이도 중
추천 메뉴 및 가격 히레카츠 정식 14,000원
평균 가격대 14,000원

스무 살 때부터 남양주에서 일식 돈가스 맛집을 찾기 위해 많이 돌아다녔다. 번번이 실패만 하다가 이곳을 발견했다. 오랜 채굴을 하다가 보석을 발견한 기분으로 가게에 들어갔다. 가게 안은 조금은 어둡지만 아기자기하고 예뻤다. '상로스카츠 정식'은 이미 품절이라 등심과 안심을 고민하던 중 먼저 들어온 손님의 '히레카츠 정식'이 보였다. 선홍빛을 띠며 빛나고 있었다. 바로 히레카츠 정식을 외쳤다.

돈가스가 나왔다. 아름다운 선홍빛이 옆 손님의 히레카츠 정식과 똑같아 보였다. 돈가스의 익힘이 항상 균일하다는 점에서부터 벌써 맛집의 향기가 났다. 타원형 접시에 안심 여섯 조각이 있었다. 한 조각을 들었을 때 살코기 표면이 반짝거렸다. 고기 안에서 육즙을 가득 머금고 있어 육즙이 뚝뚝 떨어지지 않았다. 씹자마자 육즙이 많이 느껴져서 목으로 넘길 때까지 촉촉했다. 익힘이 워낙 좋아서 부드러움도 자연스레 따라왔다. 치아 없이 잇몸만으로도 씹을 수 있을 것만 같은 부드러움이었다.

윤기가 촉촉하게 흐르는 히레카츠.

팁

**고기에 집중하고 싶을 땐
히말라야 핑크 소금만 뿌려 먹어보자.**

여러 가지로 조합해서 먹을 수 있는 곁들임.

부드러움을 검증한 후에는 다양한 방법으로 즐겼다. 반찬으로 같이 나온 명이나물이 눈에 띄었다. 명이나물을 안심에 얹어서 먹으니 명이나물 줄기가 아삭아삭해서 전체적인 맛을 깔끔하게 만들어줬다. 여기에 와사비까지 더해준다면 백 조각도 먹을 수 있을 것 같았다. 침대처럼 푹신한 안심 위에 와사비를 눕히고 명이나물을 덮어주는 조합이 가장 맛있었다. 다먹은 후에는 살짝 칼칼한 미소시루를 마시니 깔끔하게 마무리할 수 있었다.

돈가스진옥

경기도 성남시

모든 걸 하나의 메뉴로 경험하다

등+안+치

주소 경기 성남시 중원구 자혜로8번길 62 1층 1호
대중교통 단대오거리역 1번 출구에서 1분
운영 시간 11:30-20:30
(브레이크 타임 14:30-17:00 / 월 휴무)
웨이팅 난이도 중
추천 메뉴 및 가격 등+안+치 17,000원
평균 가격대 15,000원

단대오거리역 근처에 위치한 돈가스 가게다. 성남에서 일식 돈가스를 먹고 싶어서 방문했다. 가게는 생각보다 작았고 바 테이블로만 이루어져 있었다. 문을 열고 들어가면 바로 키오스크가 있어서 주문한 뒤 빈자리에 앉으면 된다. 웨이팅이 있는 경우엔 편안하게 대기할 수 있도록 가게 벽면에 의자가 준비되어 있다. 손님들의 편의를 위하는 사장님의 섬세함이 돋보였다. 이곳에서 어떤 메뉴를 먹을지 고민이 깊어져서 모두 맛볼 수 있는 메뉴인 '등＋안＋치'와 '한입산도'를 외쳤다.

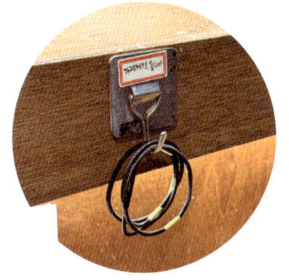

머리끈 등 가게 곳곳에서
친절함을 찾아볼 수 있다.

팁

'치즈-안심-등심' 순으로 먹어야
맛있게 즐길 수 있다.

주문할 수 밖에 없는 한입산도의 비주얼.

등＋안＋치는 말 그대로 등심, 안심, 치즈돈가스가 나오는 구성이었다. 보통 여러 부위를 맛볼 수 있는 메뉴라면 등심과 안심만 나오는 경우가 많은데 이곳에선 치즈돈가스까지 나와서 더 행복했다. 돈가스가 나온 후 치즈가 굳기 전에 빠르게 먹어보았다. 치즈돈가스는 사실 말할 것도 없이 맛있었지만 보통의 치즈돈가스보다 등심 두께가 있는 편이라서 만족스러웠다. 안심과 등심은 물 반죽을 써서 그런지 바삭함이 도드라졌다. 돈가스 자체의 간은 심심해서 소금과 후추를 함께 뿌려 먹었더니 맛이 더 살아났다. 돈가스 한 입에 샐러드 한 입을 먹는 것도 매력적이었다.

한입산도는 둘이서 가면 꼭 시켜야 할 메뉴였다. 고기를 먹고 후식냉면을 먹듯이 돈가스를 먹고 홀린 듯이 한입산도를 먹었다. 한입산도에 사용된 빵은 매우 촉촉했고, 테두리를 자르지 않고 사용했다. 부드럽고 촉촉한 빵이 바삭한 등심을 감싸줬다. 혼자서 한입산도까지 먹기에는 양이 많은 편이니 둘 이상 갔을 때 나눠 먹기 좋다.

옛날돈까스 본점

경기도 수원시

선착순 백 명만
먹을 수 있는 돈가스

옛날돈까스

주소 경기 수원시 팔달구 수원천로 316
대중교통 수원역에서 버스 11번, 400번 타고 15분
운영 시간 10:20-20:00
웨이팅 난이도 중
추천 메뉴 및 가격 옛날돈까스 11,000원
평균 가격대 11,000원

수원 통닭 거리 근처에 '옛날돈까스'라고 쓰여 있는 큰 간판 하나가 보였다. 허름해 보이는 간판 쪽으로 걸어가니 가게 앞에는 그날 판매하는 돈가스의 개수가 적혀 있었다. 작은 가게라 손님이 조금만 들어가도 바로 웨이팅이 생겼고, 점심에 오는 손님들이 많아서 자칫하면 못 먹을 수도 있을 것 같았다. 가게에 들어가서 '옛날돈까스'와 '냉모밀국수'를 외쳤다.

주문이 들어가면 돈가스를 만드는 곳이다. 돈가스가 만들어지는 소리를 들으면서 기다렸다. 다른 손님들이 돈가스를 너무 맛있게 먹고 있어서 나도 모르게 침샘이 고이려고 할 때 돈가스가 나왔다. 얇게 편 고기에 건식 빵가루를 가득 묻혀서 튀긴 돈가스다. 소스가 부어져 있었지만 바삭함이 살아 있었다. 소스는 보통의 경양식 가게보다 조금 더 크리미함이 두드러졌다. 달달하면서 돈가스의 고소함과 잘 어울렸다. 돈가스가 살짝 느끼해질 때 할라페뇨와 피클을 곁들여서 먹으니 좋았다. 돈가스를 한참 즐기다 새우튀김 한 개를 발견했는데 마치 네 잎 클로버를 발견한 것같이 기뻤다. 돈가스 두 장에 새우튀김 한 개라면 충분히 가성비까지 갖춘 돈가스였다.

팁

근처에 옛날돈까스 본점2가 있어서 가까운 곳으로 가면 된다.

⌐ 망치로 일일이 두들겨서 그런지
ㄴ 고기가 얇게 잘 펴져 있다.

⌐ 돈가스와 함께 나오는 새우튀김을
ㄴ 냉모밀국수와 함께 먹는 것도 좋다.

냉모밀국수도 돈가스처럼 양이 많았다. 바로 그릇에 붙은 와사비를 전부 풀었다. 와사비를 푼 육수는 코가 찡한 느낌 없이 더 맛있어지기만 했다. 시원한 육수에 면을 호로록 먹어주고 돈가스를 한 입 먹으니 소소하지만 작은 행복이 무엇인지 깨닫게 해줬다. 10월부터 3월까지는 기계우동, 4월부터 9월까지는 냉모밀국수를 판매하니 잘 확인하고 가자.

하쿠

경기도 수원시

행궁동 데이트
필수 코스

히레카츠

주소 경기 수원시 팔달구 신풍로 48 1층
대중교통 수원역에서 13번, 35번 타고 18분
운영 시간 11:30-20:00
　　　　　　 (평일 브레이크 타임 15:30-17:00)
웨이팅 난이도 중
추천 메뉴 및 가격 히레카츠 14,000원
평균 가격대 14,500원

수원 행궁동에 도착했다. 이곳엔 데이트 맛집으로 소문난 돈가스 가게가
있다. 원래 바 테이블이 있었는데 인테리어가 바뀌어 기본 테이블만 배치되어
있었다. 가게 이름은 고민하시다가 결국 사장님이 키우는 시바견 이름으로 정
했다고 했다. 그래서인지 가게 안에 시바견 인형이나 사진이 많았다. 재밌는
비하인드 스토리를 생각하면서 '히레카츠'와 '카레'를 외쳤다.

새하얗고 부드러운 히레카츠다. 첫 한 점을 한입 가득 넣었다. 파스락거리
면서 씹히는 튀김옷 안에서 고기가 자기주장 없이 부드럽게 씹혔다. 고기의 간
이 약해서 같이 나온 레몬 소금과 먹으니 하쿠의 돈가스가 힘을 발휘했다. 레
몬의 상큼함이 짠맛과 함께 어우러져서 색달랐다. 첫맛이 강렬하기보단 돈가
스가 목에서 넘어간 후에 잔상이 남는 돈가스였다.

같이 나오는 레몬 소금과
꼭 같이 먹자.

팁
돈가스와 샐러드 우동을 함께 먹으면
느끼함 없이 즐길 수 있다.

돈가스의 간이 세지 않아
카레와도 어울린다.

돈가스의 절친 카레가 매력을 더해줬다.
카레는 달콤하면서 끝맛이 살짝 매콤했다. 심심한
안심을 카레로 다이빙시켜줬다. 바삭함에 카레의 풍부한 향신료 맛이 추가되
어서 매력적이었다. 안심에 어떤 공격도 다 막을 수 있는 갑옷을 입힌 느낌이었
다. 무적의 맛이었다. 카레에는 건더기도 푸짐해서 밥에 비벼 먹기에도 충분했
다. 데이트할 때 사이드로 카레 하나를 시키면 나눠 먹기 딱 좋다.

한조카츠

경기도 수원시

아주대생들이 아주 좋아하는 돈가스 맛집

특로스카츠

주소 경기 수원시 팔달구 중부대로239번길 78 1층
대중교통 쌍교숭앙역 3번 출구에서 버스로 15분
운영 시간 11:00-20:00
　　　　　　(브레이크 타임 15:00-17:00)
웨이팅 난이도 중
추천 메뉴 및 가격 특로스카츠 15,000원
평균 가격대 15,000원

아주대 학생들이 방학에도 찾아오게 만드는 돈가스 가게다. 가게 옆에는 냉난방이 되는 대기실까지 있었다. 편하게 웨이팅을 할 수 있어서 가게에 들어서기 전부터 감동을 받았다. 오후 오픈런을 한 뒤 바로 들어가서 고민할 것도 없이 '특로스카츠'를 외쳤다.

모형 같은 특로스카츠가 나왔다. 돈가스는 빵가루 입자가 크지 않아서 바삭함이 거칠지 않았다. 바삭한 과자를 먹는 듯한 느낌이었다. 특등심은 간이 알맞아서 곁들임 없이 그대로 즐기기에도 좋았다. 숙성이 잘된 고기를 사용하기에 부드럽고 탄력감이 있었다. 베어 물 때 질기지 않아 먹기에도 편했고, 깔끔한 맛이라 마지막 한 조각까지 느끼함 없이 맛있게 먹을 수 있었다. 먹으면 먹을수록 다음 조각이 기대돼서 젓가락질이 점점 빨라지는 돈가스였다.

⌐ 튀김옷, 간, 익힘 등 모든 면이 적당했다.

팁

미리 도착해서 대기 명단을 쓴 뒤 대기실에서 기다리는 편이 좋다.

⌐ 식은 후에 먹어도 맛있는 안심.

운이 좋아 먹어본 '히레카츠' 두 조각도 맛있었다. 히레카츠도 마찬가지로 간이 적당해서 굳이 소금을 곁들이지 않아도 충분히 맛있었다. 한 조각을 바로 먹어봤을 때 푹신함과 부드러움이 공존했다. 놀라웠던 건 조금 식은 다음에 먹어도 어느 정도 유지가 되고 있었다는 점이다. 전체적으로 한조카츠의 돈가스는 식어도 맛있었다. 그냥 먹어도 맛있지만 와사비나 소금과 어울렸다. 한두 조각 남았을 땐 트뤼프 오일을 찍은 뒤 소금을 찍어서 먹는 방법도 추천한다. 트뤼프 향과 잘 어울렸던 돈가스였다.

여우카츠

안산 주민들의
원픽 돈가스

경기도 안산시

숯불 안심카츠

주소 경기 안산시 단원구 초지로 116 1층
대중교통 고잔역 1번 출구에서 28분 / 버스로 16분
운영 시간 11:00-21:00
　　　　　　(브레이크 타임 15:00-16:30 / 월 휴무 /
　　　　　　일요일은 20:30까지 영업)
웨이팅 난이도 중
추천 메뉴 및 가격 숯불 안심카츠 14,000원
평균 가격대 14,000원

안산 고잔역에 왔다. 고잔역에서 슬슬 걸어가다 보면 소개할 돈가스 가게가 보인다. 따닥따닥 붙은 가게 중 가장 북적거리는 곳이었다. 웨이팅을 하고 들어가면 키오스크로 바로 메뉴를 주문한 뒤 앉아야 했다. 그동안 다양한 메뉴를 외쳐서 여우카츠의 전 메뉴를 완전 정복했는데 이번엔 '숯불 가브리등심카츠'와 '숯불 안심카츠'를 외쳤다.

숯불 향이 솔솔 나는 숯불 안심카츠다. 여우카츠의 모든 돈가스는 숯불 향을 입혀 제공된다. 간혹 숯불이 잘못 입혀지면 탄내만 느껴지기도 하는데 이곳은 절대 그런 적이 없다. 안심은 수비드를 한 것처럼 엄청 부드러웠다. 고기 향은 조금 약하지만 숯불 향이 그 아쉬움을 전부 채워줬다. 눈을 감으면 바비큐장에서 고기를 먹고 있는 건지 헷갈릴 정도였다.

마찬가지로 숯불 향을 머금은 숯불 가브리등심카츠다. 가브리살이 붙은 등심도 부드러웠다. 이곳에서는 어떤 돈가스를 먹어도 부드러움이 장착되어 있었다. 가브리살 부분의 지방층도 느끼하지 않고 좋았다. 사이드 메뉴인 '수제 통새우고로케'를 추가로 외쳤다. 통새우를 다진 새우로 감싸 튀긴 고로케라 새우를 한껏 느낄 수 있었다. 한번은 사장님께 '안심+새우고로케 세트'가 있다면 좋겠다고 말씀드렸는데 지금은 당당히 메뉴로 자리 잡았다.

[후추를 뿌려 먹길 추천한다.

팁

숯불 향을 즐기려면 등심보다 비교적
고기 향이 약한 안심을 시키는 것이 좋다.

[아주 통통한 새우로
[가득 차 있는 고로케.

교카이젠

경기도 안양시

아파트 지하상가에서
일본을 느끼게 해주는 돈가스

토종돼지 특상등심

주소 경기 안양시 동안구 관평로212번길 15 상가동
지하층 105호
대중교통 평촌역 3번 출구에서 8분
운영 시간 11:00-20:50
(브레이크 타임 15:00-17:00)
웨이팅 난이도 상
추천 메뉴 및 가격 토종돼지 특상등심 40,000원
평균 가격대 26,000원

어느 날 혜성처럼 등장한 가게다. 이곳에 오면 마치 일본에서 먹는 듯한 완벽한 퀄리티의 돈가스를 먹을 수 있다. 평촌역 근처 한 아파트 지하상가에 있다. 있을 것 같지 않은 곳에 있어서 더 매력적으로 다가왔다. 문을 열고 들어가면 전혀 다른 세상이 펼쳐진다. 직원분의 친절한 안내로 자리에 앉으니 미리 외쳤던 '토종돼지 특상등심'과 '우리 흑돈 안심'이 준비되어 있었다.

운이 좋아야만 먹을 수 있는 토종돼지 특상등심이다. 특상등심은 쉽게 말해서 등심 뒤쪽부터 삼겹살까지 이어진 부위를 말한다. 한 달에 몇 번 나오지 않는 귀한 부위다. 토종돼지로 만든 돈가스는 지방층에서 고소하면서 산뜻한 맛이 난다. 토종돼지의 지방 맛은 다른 품종과 비교할 수 없을 정도로 훌륭하다. 그래서 일반 돈가스보다 지방층의 두께가 엄청났다. 등심 부위로도 고기 향과 식감을 즐기기에 충분했지만, 삼겹살의 지방층을 씹자마자 생각이 달라졌다. 이에 닿자마자 녹듯이 씹히는 지방층의 식감부터 그동안 먹은 특등심과

토종돼지의 설명을 보고 먹으면 훨씬 맛있게 먹을 수 있다.

달랐다. 그 후 입안에 퍼지는 고기 향은 정말 진하고 풍미가 좋아 그간 느꼈던 고기 향을 압축해 놓은 기분이었다. 깊은 동굴에서 메아리가 울리는 듯이 여운이 계속 남았다. 소금이 아닌 다른 곁들임은 오히려 고기 향을 제대로 느끼지 못하게 한다고 생각했다. 오로지 소금과 함께 즐기는 것이 토종돼지를 가장 잘 즐기는 방법이었다.

우리 흑돈 안심은 총 네 조각으로, 한 조각은 잘린 채로 나왔다. 고기 단면은 가장자리부터 가운데까지 선홍빛이 균일하게 퍼져 있어서 레스팅이 잘된 돈가스임을 확신할 수 있었다. 한입 먹어보니 부드러움에 이어 쫄깃함이 느껴졌다. 잘려 있지 않은 조각들은 육즙이 고기에 잘 담겨 있어 시간이 지나도 촉촉함이 유지되고 있었다. 끝까지 첫맛과 비슷한 맛이 나서 감동적이었다. 안심은 다른 양념이나 반찬을 곁들이기보다 소금을 솔솔 뿌려서 고기 본연의 감칠맛을 끌어올려 먹는 것을 추천한다.

팁

현장 웨이팅은 10:40부터 등록할 수 있다.

선홍빛이 고르게 퍼진 안심의 단면.

RICO가츠

경기도 의정부시

따뜻한 치즈 이불을 덮은 돈가스

RICO가츠 치즈추가

주소 경기 의정부시 오목로14번길 16 용현빌딩 1층
대중교통 탑석역 1번 출구에서 8분
운영 시간 11:30-21:00
　　　　　　(브레이크 타임 15:00-17:00 / 일 휴무)
웨이팅 난이도 중
추천 메뉴 및 가격 RICO가츠 치즈추가 10,500원
평균 가격대 9,000원

114

의정부에 위치한 동네 경양식 가게다. 엄청나게 많은 치즈를 돈가스에 부어주는 것으로 유명하다. 가격도 상당히 저렴한 편이라 더 애정이 가는 곳이다. 가게는 생각보다 좁아서 가끔 웨이팅이 생기기도 한다. 이 가게에서 가장 유명한 'RICO가스 치즈추가'를 외쳤다. 이것만 먹으면 조금 섭섭할 것 같아서 매콤한 떡볶이가 같이 나오는 '매운국물떡볶이가츠'도 함께 외쳤다.

돈가스를 받은 뒤 접시를 보니 돈가스가 보이지 않았다. 돈가스 위로 치즈가 한가득 부어져 있어 돈가스가 치즈 이불을 덮은 듯 보였다. 치즈는 물 흐르듯이 잘 늘어났다. 어린아이처럼 치즈를 최대한 늘려봤는데 천장 끝까지 늘어날 기세였다. 가위로 돈가스를 투박하게 자른 뒤 치즈를 가득 얹어서 먹어보았다. 치즈 향이 향긋하고 고소했다. 그 뒤로 느껴지는 돈가스의 고소함과 소스의 달달함이 이어져 처음부터 마무리까지 아쉬운 부분이 없었다. 평소에는 치즈를 아껴 먹었는데, 이곳은 치즈가 넘쳐 흐르는 곳이라 마음껏 먹을 수 있었다.

치즈가 많아서 흘러내린다.

팁

치즈 떡볶이를 좋아한다면
매운국물떡볶이가츠에도 치즈를 꼭 추가하자.

매콤한 떡볶이와
바삭한 돈가스의 환상적인 궁합.

치즈돈가스의 든든한 조력자인 매운국물떡볶이가츠도 먹어봤다. 국물떡볶이 위에 돈가스가 얹어져서 나왔다. 돈가스를 살포시 건어내고 떡볶이부터 먹어보았다. 떡볶이는 예상하지 못한 맛이었다. 매운 돈가스 소스와 떡볶이 소스를 섞은 맛인데, 살짝 맵지만 중독성이 강해서 계속 손이 갔다. 떡볶이 국물에 돈가스를 찍어 먹으며 매운맛을 중화시켰다. 여기에 더해서 달달한 마카로니 샐러드까지 함께 먹으면 적당한 매운맛으로 끝까지 즐길 수 있었다.

기린아

경기도 평택시

**진위면 사람들의
점심 집합소**

히레카츠

주소 경기 평택시 진위면 봉남5길 43 1층
대중교통 진위역 1번 출구에서 버스로 13분
운영 시간 11:00-20:30
         (브레이크 타임 15:00-17:00)
웨이팅 난이도 중
추천 메뉴 및 가격 히레카츠 15,000원
평균 가격대 15,000원

평택에 엄청난 돈가스 집이 있다는 소문을 듣고 진위역에 도착했다. 진위역에서도 버스로 13분은 가야 나오는 가게였다. 역에서 내릴 때만 해도 동네에 사람이 없어서 여유롭게 돈가스를 먹을 수 있다고 생각했다. 하지만 가게에 도착하니 앞에 대기만 열 팀이 있었다. 수많은 진위면 주민들이 만남의 광장처럼 대기를 하고 있었다. 웨이팅을 하고 들어가서 '히레카츠'와 '소바'를 외쳤다.

정갈한 한상이 나왔다. 고르게 익은 돈가스를 보자마자 침이 고였다. 한 조각을 들어올리자 고기에선 말캉함과 탱글함이, 겉면에선 바삭함이 느껴졌다. 아니나 다를까 바삭함이 씹는 내내 느껴졌다. 식감은 부드러웠고 이곳만의 고소한 튀김옷 향이 좋았다. 가게의 추천대로 와사비와 동글동글한 히말라야 핑크 소금을 얹어서 먹었다. 돈가스의 맛을 더욱 풍부하게 해주는 좋은 방법이었다. 특히 이곳은 방앗간에서 직접 짜오는 들기름이 함께 나온다. 돈가스의 튀김옷 부분을 살짝 적셔서 먹었더니 들기름과 돼지고기의 궁합이 너무너무 좋았다. 다 먹은 후 입안에서 맴도는 들기름의 여운까지 만족스러웠다.

[봄, 여름 최고의 짝꿍.

팁

가게 뒤편에 의자가 있어서
앉아서 대기할 수 있다.

[간 무와 와사비는 쓰유의 동반자.

돈가스의 영원한 단짝인 소바도 함께 먹었다. 소바는 판으로 나와서 면을 살짝 들어서 쓰유(쯔유)에 담가서 먹었다. 쓰유가 진해서 감칠맛이 좋았다. 돈가스 한 입에 소바 한 입의 조화는 웨이팅이 두렵지 않은 맛이었다. 소바와 우동은 시즌 메뉴로, 계절에 따라 바뀐다고 하니 겨울에는 우동과 돈가스를 즐기면 된다. 기린아는 재주가 뛰어나고 총명한 젊은이를 가리킬 때 쓰는 말이다. 이 단어를 가게명으로 사용한 이유를 돈가스를 먹으면서 깨달을 수 있었다.

상상카츠
동탄본점

경기도 화성시

돈가스를
상주에 싸 먹는다고?

상상스페셜

주소 경기 화성시 동탄공원로2길 27-13, 1층
대중교통 서농탄역에서 709번 타고 13분
운영 시간 11:30-21:00
         (브레이크 타임 15:00-17:00)
웨이팅 난이도 하
추천 메뉴 및 가격 상상스페셜 14,500원
평균 가격대 13,000원

상상조차 못 했던 조합의 돈가스를 파는 가게가 있다고 해서 달려간 곳이다. 동탄 센트럴파크 근처에 자리 잡은 상상카츠는 넓고 쾌적했다. 이곳의 돈가스는 일반 돈가스와 버크셔K 품종으로 만든 돈가스, 크게 두 가지로 나뉜다. 메뉴를 보다가 '상상스페셜'로 외쳤다.

스페셜이 붙으면 괜히 설레는 건 나뿐일까. 상상스페셜은 '등심카츠' '안심카츠' '블랙타이거 새우카츠'로 구성되어 있다. 등심과 안심은 크기가 큰 편은 아니고 한 입에 먹기 좋은 딱 좋은 사이즈였다. 본격적으로 먹기 전에 돈가스와 함께 나온 상추와 수제 쌈장이 눈에 들어왔다. 돈가스의 바삭함에 상추의 아삭함이 추가되면 어떤 맛이 날지 궁금했다. 상추에 밥과 돈가스와 쌈장을 얹어 한입 가득 먹었다. 구운 고기를 쌈 싸 먹는 듯한 맛이었다. 이색적인 조합이 정말 좋았다. 특히 쌈장이 돈가스와 너무 잘 어울려서 쌈을 싸지 않고도 돈가스에 계속 곁들여 먹었다. 스페셜의 또 다른 주인공인 블랙타이거 새우카츠다. 블랙타이거 새우의 껍질을 직접 벗겨서 만든다고 한다. 덕분에 새우의 향이 입안 가득 퍼지고, 새우 머리 끝까지 맛있게 먹을 수 있었다. 글을 쓰면서도 새우카츠의 맛이 아른거릴 정도로 새우가 뇌리에 깊게 박혔다.

돈가스를 상추에 싸 먹으면
의외로 맛있다.

팁

**블랙타이거 새우카츠를 추가해서 먹어야
가게에서 나왔을 때 후회하지 않는다.**

머리 속까지 맛있는
블랙타이거 새우카츠.

돈가스를 즐기면서 '니꾸우동'을 추가로 외쳤다. 파와 고기의 향이 니꾸우동에 가득 스며들어서 먹는 내내 감탄하면서 먹었다. 돈가스와 같이 파는 세트도 있어서 우동을 좋아한다면 세트로 주문하는 것도 좋은 선택이 될 것이다.

보배진

돈가스를 코스로
즐길 수 있는 곳

강원도 고성군

난축맛돈 안심

난축맛돈 항정살

난축맛돈 가브리

카츠산도

주소 강원 고성군 토성면 토성로 148-1 101호
대중교통 속초고속버스터미널에서 버스로 30분
운영 시간 12:00-20:00
        (화, 수, 목 휴무)
웨이팅 난이도 하
추천 메뉴 및 가격 보배진 카츠 코스 69,000원
평균 가격대 69,000원

강원도 고성에 있는 보배진은 돈가스 코스 요리를 즐길 수 있는 곳이다. 가게는 천진해수욕장 바로 앞에 자리 잡고 있었다. 캐치테이블을 통한 예약제로 운영하므로 웨이팅은 없었고, 예약 시간 10분 전부터 입장이 가능했다. 매장은 오픈된 주방을 둘러서 바 테이블이 있고, 여덟 명만 앉을 수 있었다.

난축맛돈, 제주 흑돼지, 횡성에서 자란 백돼지 등 세 가지 돈육을 이용한 아홉 가지 메뉴를 차례로 선보였다. 먼저 염도가 낮은 모에(M.O.E) 소금을 뿌린 '난축맛돈 안심'이 나왔다. 고기 향이 진했고 소금 간이 잘 맞아서 돼지고기의 풍미가 잘 느껴졌다. '백돼지 등심'은 저온으로 튀긴 뒤 숯불 향을 살짝 입혀서 모에 소금이 뿌려진 채 나왔다. 머스터드랑 같이 먹으니 약간의 산미가 곁들여지면서 깔끔했다. 이후 '난축맛돈 가브리'도 등심과 같은 방식으로 나왔는데, 잘 만든 버터를 한 숟가락 먹은 듯했다. 여기에 직접 간 철원 와사비를 얹으니 맛이 더욱 좋았다.

이어서 한쪽 면에 간 후추를 입힌 '난축맛돈 항정살'이 나왔다. 후추 향이 카펫을 깔아주면 진한 고기 향이 우아하게 걸어 들어왔다. 특히 쫄깃한 식감은 웃음이 났다. 이후 '흑돼지 목살 끝쪽 살'이 나왔다. 소고기로 치면 살치살 부위로 돼지에서도 소량만 나오는 부위다. 안심의 부드러움과 비교되지 않을 정도로 상당히 부드러웠다. 다음으로 제주산 '한치'가 나왔다. 해산물은 상황에 따라 변동이 있다고 했다. 요거트와 레몬을 곁들여서 먹으면 산미가 끝맛을 잘 잡아줘서 고급스러운 요리를 먹는 기분이었다. 마지막 돈가스 요리는 트뤼프를 잔뜩 올린 '카츠산도'가 장식했다. 디저트로 나온 푸딩은 화이트 초콜릿의 달콤함과 오미자의 새콤함이 잘 어우러졌다. 돈이 아깝지 않은 돈가스 코스였다.

팁

솥으로 직접 지은 '고성 쌀밥'이 나오는데 말돈 소금을 살짝 뿌려서 밥만 즐겨보자.

[부드럽고 쫄깃한 한치.

[오미자와 화이트 초콜릿의
완벽한 궁합.

카츠예미

오직 원주에서 즐길 수 있는 돈가스 덮밥

강원도 원주시

안심카츠덮밥

주소 강원 원주시 입춘로 45 B동 230호, 231호
대중교통 원주시외버스터미널에서 버스로 34분
운영 시간 11:00-20:30
(브레이크 타임 15:00-17:30, 토, 일 브레이크 타임 15:30-17:30 / 매주 월, 매월 짝수 주 화 휴무)
웨이팅 난이도 하
추천 메뉴 및 가격 안심카츠덮밥 14,000원
평균 가격대 14,000원

오직 원주에서만 먹을 수 있는 돈가스를 판매하는 곳이다. 원주 미로시장에서 장사를 하다가 원주혁신도시로 이전했다. 덕분에 가게는 넓고 쾌적해졌다. 이곳에서는 돈가스가 올려진 덮밥은 평소에 자주 보는 가쓰돈과는 다른 느낌이다. 달걀이나 다레 소스가 얹어진 보통의 가쓰돈과는 다르게 양파 슬라이스와 달달한 소스가 있는 메뉴다. 카츠예미만의 맛을 느끼기 위해 '안심카츠덮밥'과 '청양멘치'를 외쳤다.

색다른 안심카츠덮밥이 나왔다. 꽃다발을 받은 것처럼 선홍빛의 예쁜 안심이 밥 위에 얹어져 있었고, 밥에는 달콤한 소스가 뿌려져 있었다. 안심의 튀김옷에도 소스가 묻어 있는데 바삭함은 유지되고 있어서 신기했다. 돈가스의 고소함과 소스의 달콤함이 서로의 맛을 더 끌어올렸다. 그 사이에서 맛의 균형을 잡아주는 양파의 존재까지 훌륭했다. 덮밥을 즐기다가 돈가스와 곁들일 '무 샐러드'를 외쳤다. 무채 위에 흑임자 드레싱이 올라간 샐러드였다. 무의 아린 맛은 전혀 없고 시원하고 아삭해서 돈가스와 함께 먹으면 무한 흡입이 가능할 정도로 입안을 깔끔하게 만들었다.

보통 양배추 샐러드가 나오는데 이곳은 무 샐러드가 나온다.

팁
'특등심카츠 정식'을 외친 뒤 사장님께 덮밥으로 부탁드리면 메뉴에 없어도 덮밥으로 해주신다.

가쓰오부시를 이불처럼 덮은 청양멘치.

사이드로 함께 외친 청양멘치가 나왔다. 청양고추가 들어간 멘치카츠 위로 데리야키 소스와 마요네즈가 뿌려져 있었고 화룡점정인 가쓰오부시가 듬뿍 얹어져 있었다. 비주얼만 보면 오코노미야키를 작게 만든 듯했다. 멘치카츠는 단단한 식감으로 씹는 맛이 있어서 좋았다. 처음에는 데리야끼 소스의 달콤함이 느껴지다가 씹으면서 고기의 맛이 더 강해졌고 마지막엔 청양고추의 매운맛이 확 올라왔다. 사이드로 외치기에 딱 좋은 메뉴였다.

피플스클럽

강원도 춘천시

춘천 닭갈비를
포기하게 만드는 돈가스

특로스카츠

주소 강원 춘천시 우석로67번길 12 1층
대중교통 남춘천역에서 버스로 25분
운영 시간 11:00-20:30
　　　　　　(브레이크 타임 14:00-17:30 / 토·일요
　　　　　　일은 14:30까지 영업)
웨이팅 난이도 하
추천 메뉴 및 가격 특로스카츠 17,000원
평균 가격대 14,500원

강원대 근처에 있는 애막골에서 우연히 찾은 곳으로 몇 년째 꾸준히 가는 돈가스 가게다. 예전에는 점심엔 돈가스, 저녁엔 다른 메뉴들을 팔았지만 이제는 다른 메뉴 없이 오직 돈가스에만 집중하고 있는 곳이다. 덕분에 돈가스가 점점 더 맛있어지는 느낌이다. 자리에 앉고 나서 한정 수량으로 파는 '특로스카츠'와 '치즈카츠 2조각', '곁들임카레 추가'를 외쳤다.

정이 듬뿍 담긴 특로스카츠가 나왔다. 이곳은 모든 메뉴를 적지 않은 중량으로 제공한다. 특히 특로스카츠를 외치면 등심만 주는 것이 아니라 히레 50g을 추가로 주신다. 돈가스는 물 반죽을 해서 바삭바삭했다. 안심은 젓가락으로 들었더니 육즙이 많아서 고기 단면에서 찰랑찰랑거렸다. 특등심은 고기 향이 정말 진했다. 특히 가브리살과 지방층에서 느껴지는 고기 향은 끝내줬다. 다만 쉽게 느끼해질 수 있어서 와사비를 듬뿍 얹어서 먹었다. 와사비와 돈가스의 완벽한 '티키타카'였다.

햄버거 가게에 치즈스틱이 있다면 돈가스 가게에는 치즈카츠가 있다. 말랑말랑한 치즈들이 당장이라도 흐를 것 같았다. 치즈카츠를 한 입 크게 먹어보니 치즈의 고소한 향이 강하게 퍼졌다. 살짝 짭짤해서 계속 당기는 맛이었다. 치즈를 감싸고 있는 등심도 얇지 않아서 씹을 때마다 고기의 고소함도 잘 느껴졌다. 치즈카츠는 곁들임카레와 같이 즐겼다. 카레와 치즈가 잘 어울려서 카레를 듬뿍 찍어서 먹으니 쭉쭉 들어갔다. 배부름을 잊게 하는 치즈카츠였다.

⌜ 치즈가 쭉쭉 늘어난다.

팁

사이드 메뉴로 '히레카츠 추가'도 있어서 다양하게 즐길 수 있다.

⌜ 느끼함이 다가올 때쯤
  카레에 담그자.

바삭함이 이끄는 길을 따라가라
바삭함은 결코 배신하지 않는다

3장

대전·세종·충청도

숯불돈까스

이제부터 삼겹살은 굽지 말고 튀겨 먹자

대전광역시 서구

숯불삼겹카츠

주소 대전 서구 문정로 82 1층 103호
대중교통 탄방역 4번 출구에서 5분
운영 시간 11:00-20:00
　　　　　　(화, 수, 목 브레이크 타임 15:00-17:30,
　　　　　　금, 토, 일 브레이크 타임 15:30-17:30 /
　　　　　　월 휴무)
웨이팅 난이도 중
추천 메뉴 및 가격 숯불삼겹카츠 15,000원
평균 가격대 15,000원

삼겹살로 돈가스를 만드는 곳이다. 점심시간이 되니 약속이라도 한 듯 가게에 사람이 계속해서 들어왔다. '숯불삼겹카츠'라는 매력적인 이름의 메뉴가 가장 먼저 눈에 띄었다. 리뷰를 살펴보니 팝콘치킨처럼 생겼고 삼겹살의 지방은 쓰지 않는 돈가스였다. 일본에서도 삼겹살 부위가 붙은 돈가스는 먹어봤지만 생김새나 사용 부위 등 특징이 아주 달라서 이 메뉴는 가게만의 개성이 살아 있는 돈가스라고 생각했다. 기대를 담아 숯불삼겹카츠를 외쳐봤다.

음식이 나오기 전부터 가게에 숯불 향이 진동했다. 눈을 감고 있으면 고깃집에 있는 것만 같았다. 숯불삼겹카츠가 나오니 향이 더 강해졌다. 잘게 썬 삼겹살을 튀긴 돈가스를 씹으니 바삭함 속에 엄청난 숯불 향이 가득 입안에서 퍼졌다. 그와 동시에 삼겹살의 쫀쫀하면서 부드러운 식감이 만족스러웠다.

┌ 다른 돈가스들과
└ 모양도 고기도 확연히 다르다.

팁

**돈가스에 와사비를 살짝 얹은 후
소스에 찍어 먹는 것도 방법!**

┌ 소스에 찍으면 삼겹살집에
└ 온 것 같은 느낌이 난다.

반찬과 소스도 맛있었는데, 특히 무생채가 기억에 남았다. 돈가스 한 입에 무생채 한 입을 먹으니 일식이 아니라 한식을 먹는 듯했다. 같이 나온 소스는 고깃집에서 나오는 양파 절임 소스 같았다. 돈가스와 소스가 정말 잘 어울려서 계속해서 찍어 먹게 되었다. 반찬과 소스 덕분에 느끼함 없이 완벽하게 식사를 마무리할 수 있었다.

우츠

대전광역시 서구

대전을 강타한
저온카쓰

안심가츠

주소 대전 서구 갈마역로25번길 35
대중교통 갈마역 1번 출구에서 12분
운영 시간 11:40-21:00
　　　　　　(브레이크 타임 15:00-17:40 / 월, 화 휴무)
웨이팅 난이도 중
추천 메뉴 및 가격 안심가츠 13,500원
평균 가격대 14,000원

대전에서 새하얀 저온카쓰를 파는 유일무이한 가게가 있다. 대전 1호선을 타고 갈마역에서 내려서 걸어갔다. 오후 오픈 시간이 조금 지난 후에 도착해 걱정했지만 운이 좋게 바로 들어갈 수 있었다. 들어갔더니 맛있게 튀겨진 다른 사람들의 돈가스가 보였다. 메뉴판을 보기도 전에 침샘이 고였다. 저온 조리한 안심이 먹고 싶어서 '안심가츠'를 외치고 사이드 메뉴인 '닭안심후라이'도 함께 외쳤다.

저온으로 튀겨서 튀김옷이 밝은 안심가츠가 나왔다. 한 덩어리만 잘려 나왔고 나머지는 잘려지지 않은 채 나왔다. 직원이 잘린 두 조각을 먼저 먹어야 한다고 안내해주었다. 잘린 안심 위로 말돈 소금이 뿌려져 있었다. 첫입부터 강렬했다. 바스러지는 튀김옷을 지나 부드러운 안심이 느껴졌다. 말돈 소금 덕분에 안심에 간이 배어서 더 맛있게 먹을 수 있었다. 이미 소금이 뿌려져서 나온 건 말돈 소금을 찍어 먹어야 맛있다고 알려주는 보이지 않는 가이드였을까? 그 이후로 계속 말돈 소금에 중독된 것처럼 찍어 먹었다. 잘리지 않은 안심은 씹어보니 쿠션처럼 폭신했다. 자르지 않아 수분감이 유지되어서 시간이 지나도 맛있었다.

팁

조금 느끼해질 때 겨자를 조금씩 묻혀서 먹자.

⌜ 말돈 소금이 살짝 녹아 있어
  간이 딱 맞다.

⌜ 파삭파삭하게 보이는 닭안심후라이의 튀김옷.

닭안심후라이는 후회하지 말고 외쳐야 한다. 안심가츠에 이어서 바로 등장한 세 조각의 닭안심후라이 위로 말돈 소금이 뿌려져서 있었다. 베어 무는 순간 촉촉함을 바로 느낄 수 있었다. 안심가츠에 이어서 촉촉함으로 또다시 감동을 받았다. 튀김 꽃 사이로 소금 결정이 자리 잡고 있어서 씹을 때마다 말돈 소금이 순간적으로 혀에 스치면서 간을 더해줬다. 돈가스와 함께 꼭 외쳐야 할 사이드 메뉴였다.

아저씨돈까스

대전을 지키는
30년 전통 경양식 돈가스

대전광역시 중구

![아저씨 스페셜 정식]

아저씨 스페셜 정식

주소 대전 중구 중앙로164번길 22-7
대중교통 중앙로역 1번 출구에서 3분
운영 시간 11:00-20:30
          (브레이크 타임 16:00-17:00)
웨이팅 난이도 하
추천 메뉴 및 가격 아저씨 스페셜 정식 16,000원
평균 가격대 8,500원

오랫동안 대전을 지키고 있는 경양식 돈가스 가게다. 많은 대전 분들이 이 곳을 추천해주셔서 찾아가게 됐다. 가게 내부는 레트로한 감성이 물씬 풍겼다. 2층 건물이라 웨이팅은 거의 없는 편이었고, 1인석도 있어서 바로 앉을 수 있었다. 메뉴판을 보니 다양한 메뉴가 있었지만 그중에서도 가장 빛나고 있는 '아저씨 스페셜 정식'을 외쳤다.

부자가 된 기분을 느낄 수 있는 정식이었다. '돈까스'부터 '함박 스테이크' '치킨까스' '스파게티'까지 모두 한 그릇에 담겨 나왔다. 고운 빵가루에 잘 튀겨진 돈까스는 바삭함이 살아 있었고, 달콤한 소스와 함께 먹으니 어린아이가 된 것처럼 즐거웠다. 낯선 곳에서 스파게티와 경양식 돈가스를 같이 먹으면서 그리운 추억이 떠오르니 기분이 묘했다.

어릴 때 추억이 떠오르는 스파게티.

팁

샐러드 위에 치킨을 얹고 머스터드를 뿌려서 먹으면 케이준 샐러드 느낌이 난다.

치킨까스에 소스가 뿌려져 있지 않은 건 머스터드와 먹기 위함이다.

스페셜이라는 단어는 무적이다. 스페셜한 메뉴라고 하면 괜히 더 행복하게 먹게 된다. 함박 스테이크는 잘 뭉쳐 있고 고기의 향도 잘 느껴졌다. 치킨까스는 같이 나온 머스터드를 듬뿍 찍어 먹었더니 진리의 조합처럼 느껴졌다. 접시에 나온 밥도 곁들이면서 먹으니 속이 든든했다. 면과 밥을 오가면서 마지막까지 행복하게 먹을 수 있었다.

이키야

대전광역시 중구

대전에서
나고야의 맛을 느끼다

미소철판카츠

주소 대전 중구 중교로 33 1층 102호
대중교통 중구청역 1번 출구에서 6분
운영 시간 12:00-20:00
　　　　　　(평일 브레이크 타임 16:00-17:00 /
　　　　　　토·일요일은 12:00-16:00 영업)
웨이팅 난이도 하
추천 메뉴 및 가격 미소철판카츠 12,800원
평균 가격대 12,000원

대전에서도 미소카쓰를 먹을 수 있다고 해서 찾아간 곳이다. 일본 나고야 지역에서부터 시작된 미소카쓰는 돈가스 위에 적미소로 만든 짭짤한 소스를 끼얹어주는 돈가스다. 일본에서 맛있게 먹은 기억이 있어서 이곳에 들어갈 때부터 기대가 되었다. 가게의 인테리어는 일본에 온 것 같은 기분이 들도록 꾸며져 있었다. 다만 좁은 편이라 사람이 몰리지 않아도 가끔 웨이팅이 생기기도 했다. 자리에 앉아서 바로 '미소철판카츠'를 외쳤다.

미소철판카츠가 나왔다. 사장님은 돈가스를 먼저 주고 바로 소스를 부어주었다. 철판 위로 소스가 끓는 소리가 들리며 돈가스가 미소 소스를 머금는 것이 보였다. 그와 동시에 가게 전체가 미소의 고소한 향으로 가득 찼다.

팁

대파 토핑을 추가하면
더 맛있게 먹을 수 있다.

⌐ 상당히 두꺼운 고기.

⌐ 밥, 돈가스, 양배추 세 가지를
⌐ 한 입에 먹어보자.

짭짤하고 고소한 미소 소스가 완벽한 '밥도둑'이었다. 철판에서 소스와 섞여 놀던 양배추와 함께 먹었다. 돈가스의 촉촉함과 미소 소스의 짠맛, 양배추의 아삭함이 모두 어우러져서 얼굴에서도 미소가 지어졌다. 미소 소스의 감칠맛은 손이 계속 돈가스를 향하게 했고, 밥을 리필을 할 만큼 잘 어울렸다.

만츠

세종시 나성동

세종에서 만난
돈가스 은둔 고수

안심카츠

주소 세종 중앙공원서로 10
대중교통 세종고속시외버스터미널에서 버스로 10분
운영 시간 11:30-19:30
　　　　　　　　(브레이크 타임 14:00-17:30 / 월 휴무 /
　　　　　　　　토·일요일은 14:30까지 영업)
웨이팅 난이도 하
추천 메뉴 및 가격 안심카츠 13,500원
평균 가격대 16,000원

세종에서 맛있는 일식 돈가스를 먹고 싶어 돌아다니다가 아파트 앞 상가에서 돈가스 가게를 찾았다. 간판이 없어서 긴가민가했지만 돈가스의 고소한 향이 나길래 이곳임을 확신했다. 바로 저녁 예약을 한 뒤 방문했다. 메뉴에는 육회와 돈가스뿐이었다. 돈가스도 안심만 파는 곳이라 더욱 궁금해졌다. 고민도 없이 '안심카츠'를 외쳤다.

한 입을 먹자마자 숨겨진 보석을 발견했다고 확신했다. 그릇에는 안심과 작은 오므라이스, 샐러드가 있었고 토마토 향이 나는 소스가 깔려 있었다. 샐러드는 하루 영양소를 골고루 섭취할 수 있게 만들었다고 했다. 반찬으로는 고추와 백김치가 나와서 한식 같은 느낌이 물씬 풍겼다. 안심카츠는 저온으로 튀긴 뒤 레스팅을 길게 한 것으로, 길쭉하게 썰려 있었다. 덕분에 수비드를 한 것처럼 익힘이 좋았고 색깔도 선홍빛으로 먹음직스러웠다. 한 입 먹어보니 고기의 향과 튀김옷의 향이 잘 어우러졌다. 튀김 반죽에 여러 재료를 넣어 튀김옷에 향을 가미해 돈가스의 향을 풍부하게 만든다고 한다. 돈가스 자체가 훌륭해서 셀프바에 있는 말돈 소금만 곁들여도 충분히 맛있었다.

[두꺼워도 질기지 않고 부드럽다.

팁

현장 웨이팅이 생길 수도 있으니
전화 예약을 하고 가는 편이 좋다.

[샐러드가 다른 곳과
  비교할 수 없을 만큼 아름답게 나온다.

튀김옷을 먹을 땐 눈을 밟는 듯한 식감을 느낄 수 있었다. 바삭함이 느껴진 후 바로 스르륵 사라져서 저온카쓰의 매력을 잘 살렸다고 생각했다. 밑에 깔린 소스도 묻혀서 먹어보았다. 튀김옷의 향과 토마토 베이스의 소스가 서로의 맛을 극대화해서 계속 끌렸다. 소스의 감칠맛이 좋아서 같이 나온 오므라이스에도 소스를 듬뿍 묻혀서 먹게 됐다. 단 한 그릇으로 마음을 사로잡는 엄청난 가게였다.

돈스

세종시 조치원읍

2006년부터
꾸준히 사랑받는 돈가스

SET 2

주소 세종 조치원읍 돌마루7길 6
대중교통 조치원역에서 15분
운영 시간 11:00-15:00
     (일 휴무 / 토요일, 공휴일엔 16:00까지
     영업)
웨이팅 난이도 중
추천 메뉴 및 가격 SET 2 15,000원
평균 가격대 13,000원

세종 조치원역에 도착했다. 역에서 멀지 않은 곳에 2006년부터 꾸준히 장사를 하는 돈가스 가게가 있다. 오픈 전부터 사람들이 엄청나게 몰렸다. 분명 빠르게 왔음에도 세 팀이 앞에 있었다. 조치원 근처 주민들에게 인기 만점인 가게라는 생각이 들었다. 그래도 대기를 할 수 있는 공간이 따로 마련되어 있어서 힘들지는 않았다. 가게가 열리고 돈스의 세트 메뉴 중 가장 잘 나가는 'SET 2'를 외쳤다.

SET 2는 임실치즈와 채소를 얹은 '치즈돈까스'와 '토마토 스파게티'가 같이 나오는 푸짐한 1인분 세트다. 우선 완두콩 수프가 먼저 나왔다. 완두콩의 향이 잘 느껴졌고 돈가스를 먹기 전에 속을 달래기 좋았다. 그 후 주먹밥 두 개가 나왔다. 어렸을 때 아침으로 먹던 주먹밥이 생각나는 비주얼이었다. 이어서 음식이 등장했는데 넓은 그릇에 치즈돈까스와 토마토 스파게티가 푸짐하게 담겨 있었다. 스파게티 밑에는 토르티야도 깔려 있었다. 주먹밥에 돈가스, 스파게티, 토르티야까지 배고플 때 먹기 딱 좋은 양이 많은 메뉴였다.

주먹밥을 주는
흔치 않은 돈가스 가게.

마치 피자 같기도 하다.

돈가스를 썰어서 먹어보았다. 돈가스는 굵은 빵가루로 튀겨서 바삭함이 잘 살아 있었다. 소스가 새콤달콤했고, 특히 소스에 있던 버섯의 식감이 좋았다. 씹을 때 은은하게 느껴지는 치즈 향도 매력적이었다. 스파게티는 토마토 향이 강했고, 새콤한 맛이 좋았다. 스파게티 소스를 돈가스 소스와 살짝 섞어서 먹어도 맛있다.

몽마르뜨

세종시 조치원읍

시간이 멈춰 있는
돈가스 가게

몽마르뜨 돈까스

주소 세종 조치원읍 조치원로 31 지하 1층
내륭교통 소지원역에서 5분
운영 시간 11:00-20:00
　　　　　　(브레이크 타임 15:00-16:30 / 월 휴무)
웨이팅 난이도 하
추천 메뉴 및 가격 몽마르뜨 돈까스 12,000원
평균 가격대 12,000원

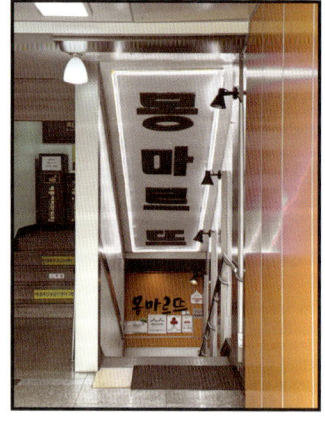

세종에서 오랫동안 경양식 돈가스를 팔고 있는 이 가게는 의원이 많은 건물 지하 1층에 있다. 분명 요즘 건물인데 지하로 내려가자마자 타임머신을 타고 과거로 간 것 같았다. 가게에 앉아서 보는 메뉴판까지, 시간이 멈춘 듯 느껴졌다. 이곳에는 '몽마르뜨 돈까스'라는 메뉴가 유명한데 양파, 피망, 햄, 당근을 볶아 만든 소스를 뿌린 돈가스다. 가게의 이름이 들어간 메뉴라 확신을 가지고 몽마르뜨 돈까스를 외쳤다. 메뉴가 나오기 전에 나온 수프를 먹으면서 배고픔을 달랬다.

돈가스 위로 채소가 가득한 소스가 부어진 채로 나왔지만 썰자마자 바삭한 소리가 청량하게 들렸다. 소스가 묻지 않은 부분을 먹어보니 튀김옷의 바삭함과 고소함이 입안에서 가득 느껴졌다. 고기는 얇게 잘 펴져 있었고, 소스는 달콤함이 강했다. 그리고 햄과 함께 볶아서 햄 향이 은은하게 났다. 돈가스에 소스를 묻히고 아삭한 채소들과 햄을 얹어서 먹어보았다. 양파의 단맛과 피망의 향이 소스에 풍미를 더했다. 햄까지 있으니 채소를 안 좋아하는 아이들에게도 괜찮을 것 같았다.

[채소가 풍부하게 얹어져 있다.

팁

**돈가스를 먹기 전에 묵은지를
밥에 올려서 먹으면 입맛을 돋우기 좋다.**

[쉽게 볼 수 없는
경양식 돈가스와 묵은지의 조합.

돈가스를 빛내주는 감초들이 많았다. 우선 돈가스와 함께 묵은지가 나왔는데, 돈가스 가게에서 보기 힘든 정말 완벽한 묵은지였다. 돈가스를 먹기 전부터 밥에 김치를 계속 얹어 먹게 될 정도로 맛있었다. 김치는 돈가스와도 잘 어울렸다. 소스가 달콤했기 때문에 김치의 새콤함이 돈가스가 물리지 않게 도왔다. 함께 나온 오이무침도 또 다른 감초였다. 고소하면서도 상쾌한 오이무침을 먹고 나면 입안이 잘 헹궈졌다. 돈가스가 예상보다 양이 많았지만 든든한 지원군 덕분에 끝까지 맛있게 먹을 수 있었다.

키레이나

충청남도 보령시

머드축제만큼 보령을
우뚝 세울 저온카쓰 맛집

안심카츠

주소 충남 보령시 명천로2길 11 1층
내숭교통 내선녘에서 버스로 30분
운영 시간 11:30-20:40
　　　　　　(브레이크 타임 14:10-18:00 / 일 휴무)
웨이팅 난이도 중
추천 메뉴 및 가격 안심카츠 13,000원
평균 가격대 13,000원

보령하면 머드축제만 떠올린 나를 반성하게 만드는 돈가스 가게다. 사장님은 대전에서 돈가스를 배운 뒤 보령으로 건너와서 가게를 차렸다. 가게는 오늘이 첫 영업인 것처럼, 단언컨대 지금까지 본 모든 곳들 중에 가장 깔끔했다. 연신 감탄하면서 '안심카츠'부터 '등심카츠' '닭안심카츠'까지 전부 외쳐보았다.

저온카쓰답게 돈가스들이 밝은 모습으로 등장했다. 안심카츠부터 먹어보았다. 바스러지면서 제 역할을 해주는 튀김옷이 눈에 띄었다. 안 그래도 부드러운 안심이 저온으로 튀겨져서 더 부드럽게 느껴졌다. 고기 향도 진해서 고기를 제대로 먹는 기분이었다. 느끼함이 전혀 없었다. 등심카츠는 운이 좋게 특등심 부위를 받았다. 지방층이 많이 잘려 있어 느끼함이 거의 없었고 돼지의 맛있는 향은 모두 뽑아낸 듯했다. 완벽하게만 느껴졌다. 중간마다 양파장아찌를 곁들이니 느끼함을 느낄 틈이 없었다.

팁

┌ 살코기와 지방층의 비율이
└ 그림을 그린 것처럼 완벽하다.

**예약은 전날부터 가능하고
네이버 플레이스 전화번호로 하는 게 가장 빠르다.**

┌ 뽀얀 속살을 자랑하며 나오는 닭안심카츠.

닭안심카츠는 입에서 솜사탕처럼 녹았다. 닭안심은 부드러움과 담백함이 좋은 부위인데, 저온으로 튀겨서 극강의 부드러움을 느낄 수 있었다. 튀김옷의 바삭함은 거들 뿐, 이에 닿으면 바로 사라질 것만 같은 식감이었다. 일본어인 '키레이나'는 '예쁘다' '깨끗하다'라는 의미를 가지고 있다. 돈가스를 맛보면서 이 두 가지의 의미를 모두 느낄 수 있었다. 멀리서 왔지만 시간이 전혀 아깝지 않은, 이상적인 저온카쓰를 맛볼 수 있는 가게였다.

치비카츠

서산 사람들이
사랑할 수밖에 없는 돈가스

충청남도 서산시

특로스카츠

주소 충남 서산시 호수공원11로 33-6 1층
대중교통 서산공용버스터미널에서 버스로 15분
운영 시간 11:30-19:30
(평일 브레이크 타임 14:30-17:30,
토, 일 브레이크 타임 15:00-17:30)
웨이팅 난이도 중
추천 메뉴 및 가격 특로스카츠 15,000원
평균 가격대 15,000원

서산호수공원 근처에 자리 잡은 돈가스 가게다. 2025년 8월쯤 기존 매장에서 5분 정도 되는 거리로 이전했다. 이전한 곳은 매장 앞에 앉을 공간도 있어서 웨이팅하기 괜찮았다. 안으로 들어가 보니 바 테이블이 길게 있었다. 오픈과 동시에 손님들이 밀물처럼 들어왔다. 많던 자리는 손님들로 북적거렸다. 4년 넘게 돈가스를 맛있게 튀기면서 서산 사람들의 마음을 녹인 일식 돈가스 가게가 된 것은 아닐까. 키오스크로 '특로스카츠'를 주문했다.

　　특로스카츠가 나오자마자 고기가 주먹만 하게 커서 놀랐다. 한 입 가득 베어 무니 튀김옷에 훈연을 해서 그런지 돼지 불고기 백반을 먹고 있다고 착각할 정도로 훈연 향이 입안에서 퍼졌다. 지방층 쪽에 칼집이 나 있어서 안까지 잘 익었고 씹기 편했다. 말돈 소금으로 간을 적당하게 맞춰서 먹으니 행복해서 천장을 뚫고 날아갈 것만 같았다. 특히 말돈 소금에 들기름까지 곁들인다면 더할 나위가 없었다. 지방층은 같이 나온 겨자와 잘 어울렸다. 임팩트가 엄청난 녀석이었다.

　　다른 메뉴들도 궁금해 '히레카츠'와 '에비후라이'를 추가로 외쳤다. 히레카츠는 폭신폭신했다. 에비후라이까지 먹고 나서 이곳을 사랑하게 되었다. 새우는 크기부터 엄청났고 한 입 먹자마자 퍼지는 새우의 진한 향도 완벽했다. 새우 머리를 까서 안에 있는 살까지 남김없이 먹게 되는 맛이었다. 후회 없는 메뉴 선택이었다.

⌈ 엄청나게 큰 새우가 등장한다.

팁

안심은 말돈 소금을 뿌린 뒤 후추까지 뿌려서 먹으면 맛있다.

⌈ 안심은 꼭 후추를 뿌려 먹자.

남양식당

충청남도 예산군

반찬만 여섯 가지가 나오는
한 상 가득한 돈가스

돈가스

주소 충남 예산군 예산읍 예산로176번길 27-1
대중교통 예산역에서 버스로 15분
운영 시간 11:40-19:30
          (월 휴무)
웨이팅 난이도 하
추천 메뉴 및 가격 돈가스 10,000원
평균 가격대 13,000원

이곳은 예산 주민들의 적극 추천을 받아서 온 곳이다. 가게가 깊숙하고 테이블이 많았고 사장님은 반찬을 연신 담고 계셨다. 가장 기본인 '돈가스'와 리뷰에서 많이 본 '치즈돈가스'까지 외쳤다.

수프부터 등장했다. 역시 경양식은 수프로 시작해야 제대로 먹는 기분이다. 수프를 먹다 보니 접시밥과 여섯 가지의 반찬이 나왔다. 반찬은 어묵볶음, 단무지, 깍두기, 마늘종무침, 도라지무침, 짠지로 구성되어 있었다. 이어 크기가 큰 두 덩어리의 돈가스가 소스를 머금은 채 등장했다. 소스는 새콤달콤했고, 고기는 퍽퍽하지도 않고 부드럽게 잘 씹혔다. 돈가스는 밥과 반찬과 함께 먹는 것이 가장 맛있었다. 특히 짠지, 마늘종무침, 도라지무침과 함께 먹는 것이 가장 이상적이었다. 꼬독꼬독하거나 아삭한 식감이 추가돼서 질릴 틈이 없었다. 계속해서 즐기니 밥이 동나 있었다. 메뉴판에 공깃밥 메뉴가 있는 이유를 알게 되는 맛이었다.

팁

남양식당 옆 짱구분식에서
사과호떡으로 마무리하면 좋다.

다양한 반찬을 하나씩 돈가스에 올려보면서
맛있는 조합을 찾아보는 재미.

칼을 대는 순간 치즈가 물처럼 흐른다.

치즈돈가스는 자르자마자 치즈가 흘러내렸다. 재빠르게 먹었더니 치즈가 크림처럼 정말로 부드러웠다. 은은한 치즈 향이 입안을 감쌌다. 잘려져 있지 않은 채로 나와 마지막 조각을 먹을 때도 치즈가 유연하게 잘 늘어나서 맛있게 먹을 수 있었다.

수제돈가스

얼굴의 두 배만 한 대왕 돈가스

충청북도 제천시

수제왕돈가스

주소 충북 제천시 남산로5길 13
대중교통 제천역에서 12분
운영 시간 11:10-15:00
웨이팅 난이도 상
추천 메뉴 및 가격 수제왕돈가스 17,000원
평균 가격대 13,000원

제천을 들썩이게 만든 곳이다. 오픈 시간 10분 전부터 사람들이 약속이라도 한 듯 줄을 서기 시작했다. 오픈할 때 못 들어가면 한 시간 정도 웨이팅을 해야 해서 서둘러 줄을 섰다. 가게에 들어가니 인원수 별로 자리가 세팅이 되어 있었다. 자리에 앉아서 엄청나게 크다는 '수제왕돈가스'를 외쳤다.

한가득 담긴 샐러드를 시작으로 마늘빵, 볶음 김치가 놓이고 된장찌개와 공깃밥이 나왔다. 그리고 그토록 기다리던 수제왕돈가스가 등장했다. 집게와 가위가 같이 나올 만큼 거대한 돈가스다. 가위로 인정사정없이 잘랐다. 돈가스를 같이 나온 소스에 듬뿍 찍어서 먹어보았다. 고기가 생각보다 두툼했다. 튀김옷은 고온에서 튀겨 고소함이 강했고 빵가루의 결이 다 느껴질 정도로 바삭했다. 소스는 일반 데미글라스 소스가 아니라 황기를 오랜 시간 달인 육수를 사용해서 특별했다. 계속해서 먹어도 줄어들지 않았다. 이곳은 1인 1메뉴를 주문해야 하므로 2인 이상이라면 돈가스 하나에 다른 메뉴를 외치는 것을 추천한다. 그래도 남은 돈가스는 가게에서 셀프 포장을 할 수 있어서 무리해서 먹지 않아도 된다.

돈가스에 같이 나온 된장찌개는 깊고 진해서 그 자체로도 맛있지만, 소스를 묻히지 않은 돈가스와 함께 먹는다면 튀김의 고소함에 된장찌개의 고소함까지 더해져서 극강의 고소함 조합을 경험할 수 있다. 살짝 매콤함이 필요할 때는 볶음 김치가 제 역할을 해냈다. 질릴 틈을 주지 않는 곁들임이었다. 어느 정도 다 먹자 수정과를 가져다주었다. 돈가스를 우걱우걱 많이 먹었지만 수정과 덕분에 입안이 깔끔해졌다.

팁

┌ 이곳만의 독특한 소스.

돈가스를 포장할 때 소스가 묻어 있으면 눅눅해지니 소스가 묻지 않은 부분부터 먼저 잘라서 앞접시에 담아놓자.

┌ 구수한 된장찌개는 덤!

돈까스나라
본점
충청북도 청주시

**김치 러버들의
취향 저격 돈가스**

김치치즈돈까스

주소 충북 청주시 청원구 새터로120번길 4
대중교통 정수벅에서 버스도 43분
운영 시간 11:00-20:00
　　　　　　(월 휴무 / 일요일은 14:00까지 영업)
웨이팅 난이도 하
추천 메뉴 및 가격 김치치즈돈까스 10,000원
평균 가격대 10,000원

청주에서 가장 가보고 싶었던 가게다. 평범한 경양식 돈가스 가게처럼 보이지만 메뉴는 전혀 평범하지 않았다. 메뉴에는 치즈를 이용한 돈가스가 많았는데 '피자돈까스'부터 시작해서 '치즈고구마돈까스'까지 정말 다양했다. 그중에서도 가장 궁금한 돈가스는 단연 '김치치즈돈까스'였다. 어떻게 나올지 상상조차 하기 힘들었다. 앉자마자 바로 김치치즈돈까스를 외쳤다.

평범해 보이는 경양식 돈가스가 나왔다. 겉으로는 치즈도 김치도 보이지 않았다. 궁금한 마음에 바로 돈가스를 썰어보니 치즈가 용암처럼 흘러내렸고 김치도 가득 들어 있었다. 돈가스를 흐르는 치즈에 돌돌 말아서 먹었다. 치즈는 양이 많아서 쫄깃함이 잘 느껴졌다. 쫄깃함을 즐기며 방심하고 있을 때 김치가 아삭하게 씹혔다. 김치의 신맛이 돈가스의 매력을 더 높여주고 맛의 균형을 잡아줬다. 한 조각을 들 때마다 김치를 찾아서 같이 찍어 먹었다. 한국인이라면 누구나 좋아할 수밖에 없는, 중독성이 가득한 맛이었다.

썰면 김치와 치즈가 가득 쏟아진다.

팁

소스 위의 채소가 싫다면
'어린이돈까스'를 외치면 된다.

소스가 깊으면서도
돈가스와도 잘 어울린다.

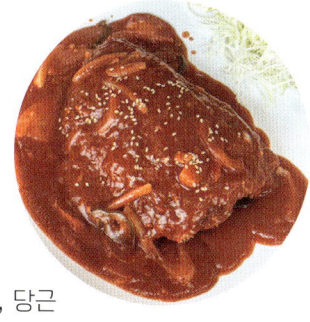

소스는 토마토와 사골 육수로 만들었고, 당근과 양파도 많이 들어 있었다. 이런 깊은 맛의 소스를 돈가스가 가득 머금은 덕에 한 입씩 먹을 때마다 어린아이처럼 행복했다.

중앙로
파돈까스

충청북도 청주시

청주의 매력을
한껏 담은 돈가스

중앙로파돈까스

주소 충북 청주시 상당구 상당로115번길 39 2층
대중교통 청주역에서 버스로 35분
운영 시간 12:00-20:00
            (브레이크 타임 15:30-17:00 / 월 휴무)
웨이팅 난이도 중
추천 메뉴 및 가격 중앙로파돈까스 13,000원
평균 가격대 11,000원

파절이와 삼겹살을 버무려서 먹는 파절이 삼겹살은 청주의 대표 음식 중 하나다. 그런데 이곳은 파절이와 돈가스를 접목했다. 청주만의 특색이 있는 재밌는 돈가스라고 생각했다. 가게에 들어가서 바로 '중앙로파돈까스'를 외쳤다.

파절이가 돈가스 위로 산더미처럼 가득 얹어져서 나왔다. 돈가스가 파절이에 가려져서 보이지 않을 정도였다. 파절이에 감춰진 돈가스는 바삭함이 눈으로 보일 정도로 잘 튀겨져 있었다. 돈가스는 나와 가위로 자르면서 먹어야 했는데 투박한 방법이지만 원하는 크기로 잘라서 먹을 수 있어서 편했다. 알맞게 자른 돈가스에 파절이를 듬뿍 얹어서 먹어보았다. 파절이 양념은 쫄면 양념처럼 매콤하면서도 새콤했고, 파채와 함께 무친 콩나물 식감도 살아 있었다. 같이 나온 밥과 곁들여도 좋은 맛이었다. 먹다 보니 돈가스가 식었지만, 굵은 빵가루를 써서인지 바삭함이 강했고, 파절이 덕분에 식어도 맛있었다. 당분간 돈가스를 먹을 때 파절이가 생각날 것 같다.

부족할 걱정이 없는 파절이의 양.

팁
접시에 파채를 옮겨놓고
돈가스에 얹어서 먹어야 가장 편하다.

돈가스가 끝도 없이 들어가는 조합.

예반72

충청북도 충주시

제주 달고기도 바삭하게 튀겨주는 곳

예반 모듬카츠

주소 충북 충주시 관아5길 6
대중교통 숭수넉에서 버스로 30분
운영 시간 11:00-20:00
　　　　　　(브레이크 타임 15:00-17:00 / 월 휴무 /
　　　　　　토·일요일은 15:00까지 영업)
웨이팅 난이도 중
추천 메뉴 및 가격 예반 모듬카츠 14,000원
평균 가격대 12,500원

이번에 소개할 곳은 충주역에서 버스로 30분 정도 거리에 있는 곳으로, 가정집 같은 2층짜리 건물을 전부 사용한다. 1인석이 따로 없어서 큰 테이블에 앉아 메뉴를 살펴보는 동안 손님들이 계속 들어왔다. 그때 제주산 달고기를 이용한 '달고기 생선카츠'가 눈에 띄었다. 돈가스도 궁금했기에 등심과 안심을 모두 즐길 수 있는 '예반 모듬카츠'와 달고기 생선카츠를 외쳤다.

알맞게 익은 예반 모듬카츠가 나왔다. 안심에는 후추가 살짝 뿌려져 있었는데, 제법 강한 후추 향과 은은한 고기 향이 잘 어우러져 맛이 좋았다. 식감은 조금만 씹어도 꿀떡 넘어가는 부드러움의 정석이었다. 등심은 촉촉하면서 안심보다 살짝 단단해 씹는 맛이 있었다. 모두 녹차 소금에 찍어서 먹었는데, 전체적으로 깔끔해서 남녀노소 누구나 좋아할 맛이었다.

대구로 만드는 대부분의 생선카쓰(생선가스)와 달리 달고기 생선카츠는 오직 이곳에서만 맛볼 수 있었다. 달고기는 생선에 둥근 반점이 있어서 붙여진 이름이라고 한다. 호기심을 가득 담아 한 입 베어 물었다. 알맞게 바삭한 튀김옷 다음에 감칠맛이 진하고 부드러운 생선 살이 씹혔다. 글루탐산 비율이 높은 생선이라 감칠맛이 훨씬 훌륭했다. 달고기 생선카츠는 레몬을 짜서 상큼하게 즐기거나 같이 나온 타르타르소스를 묻혀 먹는다면 완벽하게 즐길 수 있다.

달고기로 만들어 더욱 고소하다.

팁

5인 이상부터는 전화로 예약이 가능하다.

타르타르소스를 잔뜩 찍어 먹자.

돈가스를 먹을 때만큼은
세상과 타협하지 말라

부산·대구·울산·경상도

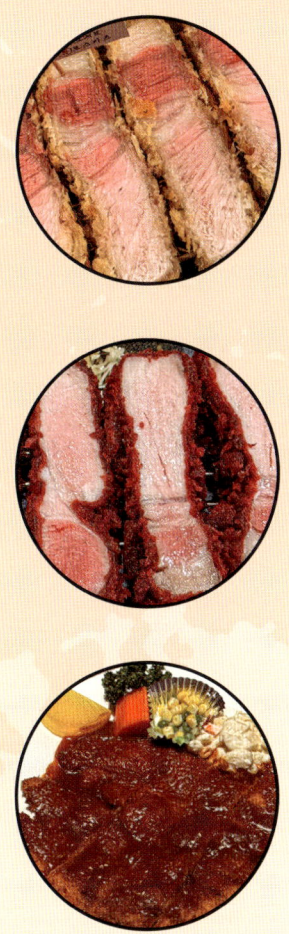

카츠텐시

부산광역시 동래구

동래구 주민이
자부심을 갖게 하는 맛

히레카츠

주소 부산 동래구 명륜로 104 1층
대중교통 수안역 3번 출구에서 2분
운영 시간 11:30~20:30
(브레이크 타임 15:00~17:00 / 월 휴무)
웨이팅 난이도 중
추천 메뉴 및 가격 히레카츠 14,000원
평균 가격대 14,000원

부산 돈가스 덕후들이 성지순례 하듯이 꼭 들르는 가게가 있다고 해서 찾아간 곳이다. 오픈 시간에 맞춰 갔더니 바로 입장이 가능했다. 사장님이 추천한 '특로스카츠'를 외쳤다.

한눈에 봐도 알맞게 익은 돈가스가 나왔다. 특로스카츠는 부드러움에 초점을 맞추고 있었다. 간은 되어 있지 않아서 히말라야 소금과 함께 즐기면 딱 맞고, 트뤼프 페이스트를 얹어서 먹으면 은은한 향이 올라와서 고급진 코스 요리를 먹는 기분이었다. 특히 이 집의 남다른 점은 밥을 달걀밥으로 준다는 것. 밥 하나까지도 신경 쓴 티가 나서 감동을 주는 곳이었다.

┌ 달걀밥과 함께 먹는 돈가스는
└ 더욱 특별하다.

팁

돈가스를 먹다가 변화가 필요할 때 트뤼프 페이스트를 얹어서 먹자.

┌ 육안으로만 봐도
└ 멘치카츠의 속이 탄탄하고 알차다.

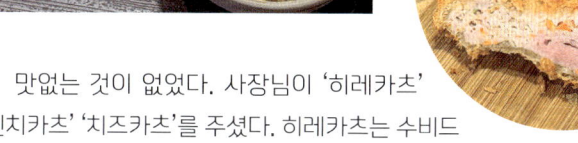

맛없는 것이 없었다. 사장님이 '히레카츠' '멘치카츠' '치즈카츠'를 주셨다. 히레카츠는 수비드를 한 것처럼 부드러워서 깜짝 놀랐다. 멘치카츠는 고기 향이 좋았고 탄탄하고 밀집력이 있어서 계속 손이 갔고 카레와 함께 먹는 것이 가장 맛있었다. 치즈카츠는 특별함은 없었지만 함께 나온 매운 소스와 궁합이 딱 좋았다. 매운 소스를 묻힌 치즈카츠는 달걀밥과 먹으면 입안에서 풍부한 맛이 감돌았다. 이런 다양한 메뉴의 맛이 다 평균 이상이라서 왜 동래구 주민들이 추천했는지 깨달을 수 있었다.

지즈

부산광역시 부산진구

'트러플 버터'를 곁들여서 먹는 돈가스

상로스카츠 정식

주소 부산 부산진구 서전로58번길 34-1 1층
대중교통 전포역 8번 출구에서 4분
운영 시간 11:30-21:00
             (평일 브레이크 타임 15:00-17:00)
웨이팅 난이도 상
추천 메뉴 및 가격 상로스카츠 정식 16,000원
평균 가격대 14,000원

전포역 근처에서 사람들이 몰리는 돈가스 가게다. 이곳은 골목에 있지만 골목 입구에 돈가스 입간판이 있어서 찾기 쉬웠다. 가게는 바 테이블로 되어 있어 돈가스가 만들어지는 과정을 볼 수 있었다. 자리에 앉아서 '상로스카츠 정식'과 지즈만의 특색 있는 '트러플 버터'를 외쳤다.

황금빛을 뽐내며 상로스카츠가 등장했다. 물 반죽을 사용해서 돈가스를 만들기 때문에 튀김옷에 빵가루가 많이 묻어 있었다. 지즈의 돈가스는 고온으로 튀겨서 그런지 튀김옷이 진한 갈색을 띄고 있었고, 베어 물었을 때 빵가루에서 느낄 수 있는 바삭함을 뛰어넘는 '콰삭함'을 경험했다. 바삭한 소리가 귀에 강하게 들릴 정도였다.

극강의 바삭함과 부드러움을
모두 경험하고 싶을 땐 '히레카츠'를 외치자!

팁

지즈에는 트러플 버터가 있고
지즈 광안점에는 '명란 버터'와
'칠리 버터'가 있다.

이곳의 시그니처 트러플 버터.

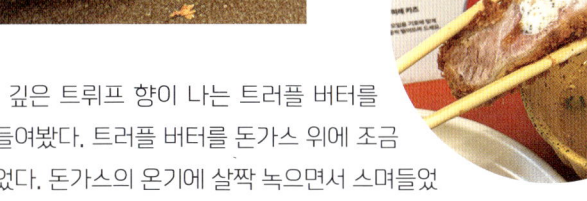

깊은 트뤼프 향이 나는 트러플 버터를 곁들여봤다. 트러플 버터를 돈가스 위에 조금 얹었다. 돈가스의 온기에 살짝 녹으면서 스며들었다. 한 입 먹었을 땐 입안에 버터의 풍미와 트뤼프의 향이 가득 진동했다. 돈가스가 고급스럽게 변하는 순간이었다. 다만 트러플 버터를 너무 많이 얹으면 트뤼프 향이 너무 강해서 돈가스의 맛과 향을 해칠 수 있어 조금씩만 얹어서 먹는 것을 추천한다.

폼포코

작지만 강하다, 파채의 완벽한 감초 역할

부산광역시 부산진구

특로스카츠 정식

주소 부산 부산진구 냉정로 236-4
대중교통 개금역 1번 출구에서 9분
운영 시간 11:30-21:00
　　　　　　(브레이크 타임 15:00-17:00 /
　　　　　　첫째, 셋째 주 화 휴무)
웨이팅 난이도 하
추천 메뉴 및 가격 특로스카츠 정식 12,500원
평균 가격대 11,000원

부산 개금시장 근처를 돌아다니다 보면 숨겨진 돈가스 가게를 찾을 수 있다. 골목 안으로 들어가니 상당히 큰 가게가 나왔다. 전화나 SNS로 예약이 가능해서 편안하게 갈 수 있었다. '특로스카츠 정식'으로 미리 예약한 뒤 가게에 도착해서 사이드 메뉴로 '안심카츠 추가'를 외쳤다.

후추가 솔솔 뿌려진 특로스카츠다. 돈가스와 함께 파채와 무 절임(벳타라즈케), 할라페뇨, 깍두기도 같이 나왔다. 느끼함을 완벽하게 방어할 수 있는 군단이었다. 돈가스는 먹자마자 후추 향이 느껴졌고, 그 후에 은은하게 고기 향이 감돌았다. 이렇게 돈가스가 맛있는데 웨이팅이 없다니 신기했다. 추가한 안심카츠에도 후추가 뿌려져서 나왔다. 부드러운 식감에 기분 좋은 후추의 풍미가 더해진, 흠이 없는 돈가스였다.

팁

외부 테이블에서는
반려견 동반 식사가 가능하다.

하나만 먹고 가기 아쉽다면
안심도 추가해보자.

파채만 올려도 좋고
무 절임을 함께 올려도 좋다.

파채를 돈가스와 함께 먹었다. 느끼함은 저 멀리 달아나고 파의 좋은 향이 입안에 남았다. 한번 파채와 먹고 난 이후에는 계속해서 파채만 찾다가 그릇이 바닥나 리필까지 하게 됐다. 가장 좋았던 조합은 돈가스 위에 파채를 얹고 무 절임까지 얹어서 먹는 것이었다. 무 절임의 아삭한 식감과 살짝 매콤한 맛에 파채의 새콤함까지 더해진 완벽한 조합이었다.

톤쇼우 광안점

부산광역시 수영구

매일 백 팀 이상
웨이팅하는 돈가스

버크셔K특로스카츠

주소 부산 수영구 광안해변로279번길 13 1층
대중교통 광안역 3번 출구에서 18분
운영 시간 11:00-22:00
웨이팅 난이도 상
추천 메뉴 및 가격 버크셔K특로스카츠 21,000원
평균 가격대 16,000원

전국에서 가장 유명한 돈가스 가게를 꼽을 때 꼭 포함되는 곳으로, 부산을 '돈가스의 성지'로 만든 가게다. 톤쇼우의 본점은 부산대 근처에 있지만 가장 좋은 퀄리티의 돈가스를 먹으려면 광안점으로 가야 한다. 하지만 매일 백 팀 이상 웨이팅이 생기기 때문에 한번 먹기가 하늘에 별 따기다. 운이 좋게 입장을 한 후에 '버크셔K특로스카츠'와 '버크셔K로스카츠'를 외쳤다.

국내에서 처음으로 돈가스를 훈연해서 팔기 시작한 곳이다. 훈연 향이 가득한 버크셔K특로스카츠와 버크셔K로스카츠가 나왔다. 특로스카츠는 지방층부터 등심까지 색감이 너무 아름다웠다. 돈가스를 한 입 먹었을 뿐인데 입안 가득히 훈연 향으로 도배가 됐다. 부드러운 고기를 계속해서 씹다 보면 여기가 돈가스 가게인지 숯불 갈비구이집인지 헷갈릴 정도의 좋은 훈연 향이었다. 다른 곁들임 없이 그대로 먹어도 맛있는 고급스러운 돈가스였다. 로스카츠는 촉촉했고, 씹는 식감이 두드러져 또 다른 매력이 느껴졌다.

[엄청난 웨이팅을 감내할 정도로
퀄리티가 엄청난 로스카츠.

팁

로스카츠에 홀그레인 머스터드를 올려서 먹자.

[육즙이 풍부해 반짝거리는 히레카츠.

같이 간 일행과 '히레카츠'와 '에비카츠'를 특로스카츠 몇 점과 교환해서 먹었다. 부드럽고 육즙이 많았던 히레카츠는 물 반죽을 사용해서 바삭함이 잘 살아 있었다. 에비카츠는 누구나 좋아할 맛이었고 같이 나온 타르타르소스에 찍어 먹거나 카레를 추가해서 같이 곁들여도 손색이 없었다. 잘 먹는 사람이라면 돈가스 하나에 에비카츠나 양파 향이 은은하게 올라오는 '멘치카츠'를 추가해도 좋을 것 같다.

헷츠

실비김치와 함께 먹는 돈가스

부산광역시 수영구

탐라흑돈 상로스카츠

주소 부산 수영구 수영로575번길 10 103호
내통교농 광안역 4번 출구에서 1분
운영 시간 11:10-20:30
　　　　　　(평일 브레이크 타임 15:30-17:00, 토,
　　　　　　일 브레이크 타임 16:00-17:00)
웨이팅 난이도 상
추천 메뉴 및 가격 탐라흑돈 상로스카츠 16,500원
　　　　　　　　/ 히레산도 6,000원
평균 가격대 14,500원

광안역 바로 앞에 위치한 돈가스 가게다. 입소문이 점점 퍼지면서 이젠 웨이팅을 해야만 먹을 수 있는 곳이 됐다. 헷츠는 YBD 품종과 탐라흑돈을 취급하는 가게다. 부산에서도 이제 다양한 품종을 즐길 수 있다는 사실에 감탄했다. 가게에는 열 명 정도 수용할 수 있는 바 테이블이 있다. 자리에 앉아서 '탐라흑돈 상로스카츠' 'YBD 히레카츠' '히레산도'를 외쳤다.

고온에서 잘 튀겨진 상로스카츠다. 고기의 단면이 잘 보이게 나왔다. 한 입 먹자마자 기분 좋은 고기 향이 느껴졌다. 튀김옷이 얇고 빵가루도 굵지 않아 겉면 촉감이 자글자글했다. 베어 물 땐 과자같이 바삭했다. 바삭함과 고기 향이 돈가스를 완성시켰다. 돈가스는 와사비에 먹어도 좋았지만 '실비김치'를 얹어서 먹으니 느끼함도 잡아주고 매콤해서 밥과 잘 어울렸다.

⌐ 물릴 때쯤 실비김치와 함께 먹자.

팁
실비김치는 따로 요청하면 먹을 수 있다.

⌐ 히레로 만들어 더 특별한 산도.

등심파를 반하게 한 히레카츠와 히레산도였다. 과자처럼 바삭한 튀김옷 안에 마음까지 부드럽게 만드는 안심이 있었다. 육즙이 빠져나오지 않고 고기 안에 잘 보관되어 있어 입안에 넣고 씹어야만 육즙을 느낄 수 있었다. 씹을수록 육즙이 존재감을 나타내 끝까지 촉촉하게 먹을 수 있었다. 안심에 후추의 풍미를 더해져 더할 나위 없이 먹을 수 있었다. 히레산도는 빵에 발린 아보카도 마요네즈가 킥이었다. 안심과 함께 씹다 보면 버터처럼 고소한 풍미가 느껴진다. 같이 나오는 시오콘부(염장 다시마)를 얹으면 감칠맛이 배가돼 입이 쫙쫙 감기는 맛이 났다. 고급스럽고 향이 일품인 히레산도였다.

톤섬

부산광역시 영도구

영도 다리를 건너서 만난
최고의 돈가스

토로카츠(항정살)

주소 부산 영도구 남항로9번길 36 1층
대중교통 남포역 8번 출구에서 12분
운영 시간 11:00-19:30
　　　　　(평일 브레이크 타임 14:00-17:30, 토, 일
　　　　　브레이크 타임 15:00-17:30 / 월 휴무 /
　　　　　토·일요일은 20:00까지 영업)
웨이팅 난이도 중
추천 메뉴 및 가격 토로카츠(항정살) 21,000원
평균 가격대 17,000원

부산에 점점 돈가스 가게가 많이 생기고 있다. 많고 많은 가게 중 영도에서 돈가스를 튀기고 있는 가게에 찾아갔다. 네이버 예약으로 메뉴를 미리 외칠 수 있어서 '안심카츠' '토로카츠(항정살)' '하나카츠(목살)'를 외쳤다. 가게 외관부터 일본의 작은 마을에 있는 돈가스 가게를 방문한 것 같았다. 그렇게 예약 시간이 되고 가게로 들어가서 자리에 앉았다.

AI로 만든 것 같이 완벽한 비주얼의 돈가스들이 나왔다. 토로카츠에선 항정살 특유의 쫄깃한 식감이 만족스러웠다. 씹으면 씹을수록 고기 향도 점점 잘 느껴졌다. 와사비와 먹으면 코가 찡하지도 않고 와사비의 좋은 향만 입안에 맴돌았다. 목살 중에서도 좋은 부위를 사용해서 만든다는 하나카츠를 먹어보았다. 목살 자체가 부드러웠고 사이사이 보이는 근막까지 찜기에 찐 듯이 부드러웠다. 말돈 소금과 함께 돼지고기의 좋은 향을 즐겼다.

팁

[수육으로 착각할 만큼 부드럽다.

토로카츠 위에 여기서만 맛볼 수 있는 톤섬 김치를 얹어서 같이 먹자.

[검은색 옷을 입은 안심.

안심카츠는 윤기가 좔좔 흐르며 등장했다.

단면에서부터 육즙이 가득한 것이 보였다. 안심의 촉촉함이 잘 살아 있는 돈가스였다. 특히 안심은 먹물 빵가루를 이용한 튀김옷이 고소했다. 풍미를 끌어올리기 위해 테이블에 있던 후추와 함께 먹는 것을 추천한다. 숙성된 김치를 씻은 후에 특제 쓰유에 버무린 김치도 함께 먹어보기를. 느끼함이란 단어를 사용하지 못하도록 만드는 맛으로, 이 김치만 있다면 하루 종일 돈가스를 흡입할 수 있을 것만 같았다.

반도카츠
해운대본점
부산광역시 해운대구

입에서 녹아버리는
닭가슴살

토리카츠 정식

주소 부산 해운대구 좌동순환로 55 1층
대중교통 퉁농녁 10번 출구에서 9분
운영 시간 11:10-20:00
　　　　　　(브레이크 타임 14:40-17:00 / 월 휴무)
웨이팅 난이도 중
추천 메뉴 및 가격 토리카츠 정식 13,000원
평균 가격대 15,000원

해운대에서 바다를 즐기다가 갑자기 돈가스가 생각나서 들른 곳이다. 중동역에서 9분 정도 걸어가니 넓은 가게가 보였다. 가게 안은 사람들로 북적거렸다. 가게는 바 테이블과 4인석 테이블이 있어서 혼자 오기에도 여러 사람과 오기에도 좋은 곳이었다. 이곳은 닭가슴살로 만드는 도리카쓰(토리가츠, 토리카츠)가 유명하다길래 '토리카츠 정식'과 등심파의 불변의 원픽인 '특등심카츠 정식'을 외쳤다.

반짝거리는 특등심카츠 정식이 나왔다. 겉모습만으로 육즙이 많고 촉촉하다고 '스포'를 하고 있었다. 조명에 비친 돈가스 단면이 안 먹어봐도 이미 맛있을 거라 확신하게 해줬다. 젓가락으로 한 조각 들었더니 풀드포크처럼 속살이 부드럽게 갈라졌다. 동시에 튀김옷의 바삭함이 강렬하게 느껴졌다. 바삭함을 확 느끼다 보면 촉촉한 고기가 반겨줬다. '겉바속촉'이라는 단어가 바로 떠오르는 돈가스였다. 고기 향도 풍부하면서 지방층이 많이 잘려 있어서 담백했다.

튀김옷이 얇지만 바삭하고
고기가 무척 부드러운 특등심카츠.

팁
깨를 갈아서 돈가스에
그대로 뿌려 먹으면 좋다.

닭가슴살이지만 촉촉하다.

토리카츠는 이가 없어도 먹을 수 있을 것 같았다. '닭가슴살을 튀겼는데 과연 부드러울 수 있을까'라는 의심을 종결시킨 맛이었다. 한 조각을 들자마자 촉촉함이 느껴졌다. 바삭함을 느낀 직후에 바로 부드러움으로 압도되었다. 닭고기 향이 기분 좋게 퍼지면서 담백하니 계속해서 먹게 됐다. 괜히 이곳의 인기 메뉴가 아니었다. 토리카츠는 사이드로도 판매하니 메인으로 주문하지 않아도 꼭 경험을 하고 와야 하는 메뉴다.

제현모
수타돈까스
부산광역시 해운대구

김밥천국 스페셜 세트를
능가하는 돈가스 세트

돈까스세트

주소 부산 해운대구 재반로 162-28
대중교통 제송역 1번 출구에서 버스로 15분
운영 시간 11:00-19:00
　　　　　　(수 휴무)
웨이팅 난이도 하
추천 메뉴 및 가격 돈까스세트 7,000원
평균 가격대 7,000원

10,000원을 주고도 3,000원이 남는 가성비가 엄청난 가게다. 제송역에서 버스를 타고 도착했다. 이곳은 세트 메뉴가 유명한데 그도 그럴 것이 '돈까스'는 6,000원인데 '돈까스세트'는 7,000원이기 때문이다. 망설일 것도 없이 돈까스세트를 외쳤다. 이곳은 선결제를 하는 곳이라 참고하면 좋다.

　　돈까스세트는 돈가스를 포함해서 김밥과 쫄면, 바람떡 한 개로 구성됐다. 이렇게 푸짐한 양에 이 가격이라니 말이 안 된다는 생각이 바로 들었다. 우선 칼로 돈가스를 썰어 먹어보니 새콤하고 달달한, 누구나 좋아하는 돈가스 소스 맛이 느껴졌다. 김밥은 소풍을 갈 때 부모님이 싸주신 김밥처럼 정겨움이 느껴지는 맛이었다.

　　면과 밥이 공존하는 엄청난 한 끼였다. 김밥과 함께 쫄면도 먹었다. 쫄깃한 면과 매콤하고 새콤한 맛이 좋았다. 돈가스와 김밥, 쫄면을 한번에 찍어서 먹어보았다. 면과 밥, 튀김이 한번에 들어오니까 탄수화물에서 얻을 수 있는 행복을 모두 느낄 수 있었다. 돈가스는 같이 나온 마카로니 샐러드와 함께 먹으면 마요네즈의 부드러움이 더해져 더 맛있게 먹을 수 있었다. 돈가스는 그릇 안에 있는 모든 것과 잘 어울리는 확실한 주인공이었다. 마지막으로 바람떡까지 먹으니 기분 좋게 배불렀다.

팁

극강의 탄수화물 세트.

돈까스세트는 '치즈돈까스세트'나 '고구마치즈돈까스세트'도 있으니 참고하자.

저렴하지만 디저트까지 나온다.

도톤

대구광역시 북구

홍국쌀 빵가루로 만드는
붉은색 돈가스

프리미엄 상로스카츠

주소 대구 북구 대학로23길 18-3
대중교통 동대구역 3번 출구에서 버스로 25분
운영 시간 11:30-20:00
(브레이크 타임 14:30-17:00 / 일 휴무 /
토요일은 12:00-14:00 영업)
웨이팅 난이도 하
추천 메뉴 및 가격 프리미엄 상로스카츠 16,900원
평균 가격대 13,500원

경북대 근처에서 가장 인기 있는 돈가스 가게다. 이곳의 튀김옷은 일반 돈가스 가게와는 정말 다르다. 빵가루를 홍국쌀빵을 이용해 만드는데 홍국쌀은 붉은색을 띠고 있어서 이곳의 돈가스도 붉은색이다. 한 번도 먹어본 적이 없어서 어떤 느낌일지 궁금했다. 바로 경북대로 향해서 가게에 들어갔다. 메뉴에는 지리산 버크셔로 만든 돈가스가 있길래 바로 '프리미엄 상로스카츠'를 외쳤다.

불닭 소스를 묻힌 것처럼 붉은 돈가스가 나왔다. 튀김옷이 붉은데 고기까지 선홍빛을 띠고 있어서 정육점에 온 건가 싶었다. 육즙이 조명에 반사돼서 반짝거렸다. 한 입 먹어보니 등심 부분에서 탄력이 느껴지면서도 부드럽게 잘 넘어갔다. 붉은 튀김옷은 홍국쌀 빵가루로 만들어서 더 담백한 듯하다. 지방층은 와사비와 함께 먹었는데 와사비 향이 강해서 적당히 얹어야 맛있었다.

'사시미(닭안심)'와 '흑돈 샤돈브리앙(안심)'을 추가로 외쳤다. 이것도 마찬가지로 붉은 빵가루를 입고 나왔다. 사시미부터 먹어보았다. 사시미는 이곳의 비밀 병기였다. 정말 부드러워 잇몸으로만 씹어도 될 것 같았다. 머스터드 소스에 찍어 먹으면서 부드러움을 즐겼다. 샤돈브리앙은 지례 흑돈과 백돼지로 메뉴가 구분되어 있었다. 흑돼지를 선택한 덕분에 안심이지만 고기 향이 진했다. 소금만 살짝 뿌려서 안심 자체의 맛을 끌어올렸다. 소금만으로도 충분히 맛있는 안심이었다.

팁

경북대 학생들의 점심시간을 피해 가면 좋다.

[겉과 안이 모두 붉은 독특한 돈가스.

[함께 나온 소스와 먹으면
질리지 않게 먹을 수 있다.

갱보

대구광역시 중구

샐러드부터 소스까지
모든 것이 새로운 곳

안심

주소 대구 중구 중앙대로 406-18 1층
대중교통 숭앙로역 2번 출구에서 2분
운영 시간 11:00-21:00
웨이팅 난이도 하
추천 메뉴 및 가격 안심 14,000원
평균 가격대 14,000원

2025년 4월 중앙로역 근처에 새로운 돈가스 가게가 생겼다. 안으로 들어가니 열 명 정도 수용 가능한 아담한 가게였다. 웨이팅이 없어서 편하게 바로 식사를 할 수 있었다. 등심을 먹을지 안심을 먹을지 고민하다가 리뷰를 찾아보니 사진으로 본 안심의 비주얼이 너무나 좋았다. 양식 코스 요리에서 나오는 메인 디시같은 느낌이었다. 등심파지만 비주얼에 홀려서 '안심'을 외쳤다.

원했던 비주얼이 그대로 나왔다. 안심을 한 입 먹으니 튀김옷이 이에 닿자마자 바삭함이 느껴졌다. 그리고 안심을 씹으니 마음이 무장해제될 만큼 부드러웠다. 테이블에 있는 후추를 갈아서 함께 곁들이니 향미가 추가되어 질리지 않았다. 돈가스를 먹고 나서는 열무로 입을 청량하게 해줬다. 샐러드는 시소와 양배추에 레몬 드레싱이 뿌려진 채로 나왔다. 시소의 향도 느껴지고 상큼해서 입안을 리프레시할 수 있었다. 그릇에 있는 주황색 소스는 이곳의 비법 소스인데 생강과 홀그레인 머스터드, 카옌페퍼 가루가 섞여 있었다. 돈가스에 얹어서

[한 접시에 다양하고 독특한
곁들임이 나온다.

먹으면 살짝 매콤한 맛이 추가돼 느끼함을 완벽하게 잡아줬다. 한 그릇 안에서 돈가스를 다양하게 즐길 수 있다는 점이 좋았다.

팁

해산물이 들어간 장국에 밥을 말아서
돈가스와 즐기는 것도 좋다.

[퀄리티가 높은 카레.

'카레'를 추가로 외쳤다. 한 입 먹어보니 토마토 향이 뭉글뭉글하게 느껴졌다. 토마토의 산미가 카레의 중심을 잡고 있었다. 부드럽고 맛 좋은 카레로 주연을 넘보는 맛이었다. 안심과 함께 먹기 딱 좋아서 마지막 몇 조각은 카레와 함께 즐겨도 후회하지 않을 맛이었다. 다 먹은 후에는 직접 만든 바질 아이스크림이 나왔다. 바질 향이 입안 가득 퍼졌다. 디저트 덕분에 식사가 깔끔하게 마무리되었다.

모카츠

침대처럼
푹신푹신한 안심카쓰

대구광역시 중구

안심카츠

주소 대구 중구 동성로6길 58 1층
대중교통 중앙로역 2번 출구에서 8분
운영 시간 11:30-21:00
　　　　　　　(브레이크 타임 15:00-16:00)
웨이팅 난이도 하
추천 메뉴 및 가격 안심카츠 14,000원
평균 가격대 13,500원

대구의 랜드마크 중 하나인 스파크랜드 앞에 있는 돈가스 가게로, 도로 바로 옆에 있어서 단번에 찾을 수 있었다. 관람차 바로 앞에 있는 돈가스 가게라니, 낭만이 느껴졌다. 대구는 10미(味)가 존재할 정도로 맛에 진심인 곳이다. 이런 지역에서 먹는 돈가스는 더욱 신뢰가 가기 마련이다. 기대에 찬 마음으로 가게에 들어갔다. 가게는 깔끔했고 테이블 일곱 개와 바 테이블이 있었다. 생각보다 자리가 많았다. 바 테이블에 앉은 후 '안심카츠'와 '게살크림 고로케'를 외쳤다.

육즙이 찰랑거리는 안심카츠가 나왔다. 젓가락으로 한 조각을 들어보니 안심의 단면에서 육즙이 파도치듯 춤을 추고 있었다. 가득한 육즙 덕분에 안심을 씹는 내내 촉촉함이 유지가 됐다. 폭신한 안심과 과자 같은 튀김옷의 바삭함이 도드라졌다. 돈가스에 후추를 뿌려서 향을 더했다. 이곳은 참기름도 있었는데, 안심 단면에 한두 방울을 뿌리니 한국인이라면 거부할 수 없는 마성의 맛을 경험할 수 있었다. 참기름을 처음부터 곁들이면 계속해서 참기름 향만 느끼게 되니 어느 정도 먹은 후에 곁들이는 것이 좋다. 여기엔 다레 소스가 구비되어 있는데 밥에 뿌려 돈가스와 먹는 것도 추천한다.

[절반 정도 먹었다면 참기름을 뿌리자.

팁

네이버 예약으로 웨이팅 없이 먹을 수 있다.

[게살크림 고로케는
속이 엄청나게 부드러워 살살 녹는다.

후식처럼 즐기기 위한 게살크림 고로케가 나왔다. 이미 안심에서 호감이 쌓인 후라서 고로케는 믿고 먹었다. 평범해 보이지만 고로케 속이 상당히 크리미했다. 돈가스를 먹은 뒤 여운을 더 간직하고 싶을 때 먹기 좋은 사이드 메뉴였다. 다 먹고 나니 진짜 후식이 나왔다. 요거트 위에 잘게 부순 로투스 비스킷이 뿌려져 있었다. 깜짝 선물을 받은 것처럼 신났다. 덕분에 식사를 깔끔하게 마무리할 수 있었다.

보난자카츠

대구광역시 중구

포슬포슬한 달걀과 달콤짭짤한
다레 소스가 만드는 돈가스의 품격

등심 타레카츠

주소 대구 중구 달구벌대로446길 28 1층
대중교통 경대병원역 3번 출구에서 5분
운영 시간 11:30-20:00
　　　　　　(브레이크 타임 15:00-17:00)
웨이팅 난이도 중
추천 메뉴 및 가격 목살 타레카츠 16,000원 / 등심
　　　　　　　타레카츠 14,000원
평균 가격대 14,000원

180

경대병원역 근처에서 다레카쓰를 파는 곳이다. 다레카쓰의 종류로는 목살과 등심, 안심이 있었고 그 외에도 일반 돈가스도 함께 판매하고 있었다. 가게에 앉아서 '목살 타레카츠'를 외치려고 했지만 인기가 너무 많아서 외칠 수가 없었다. 확실히 많은 사람들이 찾는 곳이었다. 차선책으로 '등심 타레카츠'와 '안심카츠'를 외쳤다.

등심 타레카츠가 나왔다. 가쓰돈 비주얼이었다. 밥과 달걀에 다레 소스가 뿌려져 있었고 그 위에 다레 소스를 가득 머금은 돈가스가 얹어져 있어 가쓰돈 같았다. 돈가스를 먼저 먹어보았다. 튀김옷에 스며든 달콤 짭짤한 다레 소스가 매력적이었고 등심은 부드럽고 촉촉했다. 돈가스와 포슬포슬한 달걀, 다레 소스에 적셔진 밥을 함께 먹는 것은 극락으로 갈 수 있는 한 방이었다. 특히 달걀이 돈가스와 밥을 이어주는 주선자 같은 역할을 했다. 보기에도 좋고 맛도 좋은 다레카츠였다.

이어서 안심카츠를 먹어보았다. 익힘 상태가 최상이었고, 바삭함과 부드러움의 조화가 끝내줘서 마음을 녹이는 맛이었다. 말돈 소금을 안심 단면에 뿌려서 최고의 한 입을 즐겼다. 이렇게 돈가스를 먹다 보면 느끼해질 수 있는데, 이때 '가쓰오 오이 샐러드'를 외쳐서 같이 먹으면 좋다. 오이를 빻은 후에 가쓰오부시(가다랑어포)와 참깨 소스에 버무린 메뉴. 오이를 참깨 소스에 듬뿍 찍어서 먹으면 고소하면서 청량한 게 입안을 깨끗하게 청소해주는 느낌이었다. 너무나도 만족스러운 가게였다.

팁

웨이팅이 있을 경우 가게 앞에서 대기 명단을 작성해야 한다.

다음 방문을 다짐하게 만드는 안심카츠.

느끼함을 싹 잡아주는 샐러드.

전원돈까스

대구광역시 중구

**40년 전통
대구 로컬 돈까스 맛집**

돈까스곱배기

주소 대구 중구 동성로6길 2-23 B1F
내숭교통 송빙토역 2빈 쥴구에시 5분
운영 시간 11:00-20:30
웨이팅 난이도 중
추천 메뉴 및 가격 돈까스 9,000원 /
　　　　　　　　　돈까스곱배기 13,000원
평균 가격대 11,000원

대구 중구에서 40년 넘게 경양식 돈가스를 팔고 있는 곳으로, 오픈 시간이 되자마자 사람들이 길게 줄을 섰다. 지하로 내려가니 매장이 넓게 펼쳐졌다. 웨이팅이 있어도 자리가 많은 편이라 회전율이 좋은 가게였다. 가게 곳곳에는 옛 메뉴판들이 보여서 이곳이 얼마나 오랫동안 사랑받은 곳인지 누구나 알 수 있었다. '돈까스'가 인기가 많았는데 배가 고파서 '돈까스곱배기'로 외쳐보았다.

앉자마자 빠르게 돈가스곱배기가 나왔다. 덕분에 바로 식사를 할 수 있었다. 메뉴를 외치면 종이컵에 콜라도 한 잔 주셔서 정이 느껴졌다. 돈가스는 크게 두 장이 나왔다. 칼로 썰 때부터 바삭한 돈가스라는 걸 직감했다. 한 조각만 먹어도 확실히 줄을 서는 이유를 알 수 있었다. 소스가 새콤달콤하고 살짝 마늘 향도 풍겨서 상당히 중독성 있었다. 그래서 돈가스에 소스를 더 듬뿍 적셔서 먹게 됐다. 대구에 다시 온다면 이 소스의 향부터 바로 생각날 것 같다.

한 장은 케첩을 뿌려서,
다른 한 장은 기본으로.

팁

돈가스에 케첩을 살짝 뿌려서 밥과 함께 먹으면 좋다.

우동면이 올라간 희귀한 샐러드.

샐러드와도 함께 먹어보았다. 샐러드는 케요네즈 샐러드였는데 이곳만의 킥이 있었다. 바로 우동면을 샐러드 위에 올려주는 것. 샐러드와 함께 섞어서 돈가스에 곁들이니 마카로니 샐러드처럼 느껴졌다. 마카로니를 충분히 대체할 수 있는 우동이었다. 마지막으로 함께 나온 콜라 한 잔으로 마무리를 했다. 대구에서 경양식 돈가스를 찾는다면 꼭 추천하고 싶은 가게였다.

츠토

향이 진한 라드로 튀겨주는
저온카쓰 맛집

대구광역시 중구

특로스카츠 정식

주소 대구 중구 달구벌대로443길 15-4 1층
대중교통 경대병원역 4번 출구에서 3분
운영 시간 11:30-20:00
　　　　　　 (브레이크 타임 15:00-17:30 / 화 휴무)
웨이팅 난이도 하
추천 메뉴 및 가격 특로스카츠 정식 16,000원
평균 가격대 14,500원

대구에도 라드 향이 짙은 돈가스가 있다고 해서 찾아간 곳이다. 가게는 일본 여행을 온 기분이 날 정도로 잘 꾸며져 있었다. 가게 안에서는 벌써 라드 향이 조금씩 풍기고 있었다. 그 향을 가득 느끼고 싶어서 '특로스카츠 정식'을 외쳤다.

저온으로 튀겨서 시간이 조금 걸린다. 이곳은 대구에서 저온카쓰를 하는 가게가 별로 없었을 때부터 저온으로 돈가스를 튀긴 곳이다. 가게 인테리어를 구경하면서 기다리다 보니 특로스카츠가 나왔다. 돈가스의 단면에서부터 좋은 라드 향이 느껴졌다. 입에 넣기 전부터 맛있는 돈가스 찾기를 성공한 기분이었다. 한 입 베어 물었더니 입안 가득 라드 향으로 가득 찼다. 맛있는 돼지고기를 구워서 한가득 씹는 느낌이었다. 가브리살 쪽은 와사비와 함께 즐겼다. 와사비가 라드의 느끼함을 잡아주는 역할을 했다.

팁

전화로 예약이 가능해서
웨이팅 없이 돈가스를 즐길 수 있다.

느끼할 땐 와사비를 올리면
싹 내려앉는다.

소스와 함께 먹으면
독특하고 맛있게 먹을 수 있다.

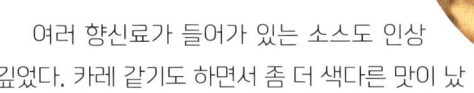

여러 향신료가 들어가 있는 소스도 인상 깊었다. 카레 같기도 하면서 좀 더 색다른 맛이 났다. 돈가스와도 잘 어울렸는데 돈가스의 끝부분에 찍어 먹어야 소스가 튀김옷에 잘 스며들어서 더 맛있게 즐길 수 있다. 소스 덕분에 마지막까지 완벽했다. 라드를 이용해서 진한 맛을 내는 돈가스를 경험하고 싶은 사람들에게 추천하고 싶다.

카츠 네지로

대구광역시 중구

여섯 가지 품종을 취급하는
대구의 떠오르는 돈가스 가게

난축맛돈 상등심

주소 대구 중구 국채보상로150길 47 1층
대중교통 경대병원역 4번 출구에서 10분
운영 시간 11:30-20:30
            (브레이크 타임 15:00-17:00 / 월 휴무)
웨이팅 난이도 하
추천 메뉴 및 가격 난축맛돈 상등심 18,000원
평균 가격대 16,000원

경대병원역 근처에서 맛있는 돈가스 가게가 있나 찾아보다가 우연히 발견한 가게다. 가게 내부엔 바 테이블이 있었고 자리마다 젓가락 세팅이 정갈하게 되어 있어서 먹기 전부터 만족스러웠다. 이곳의 특징은 다양한 품종을 취급한다는 것이었다. 난축맛돈부터 시작해서 탐라흑돈, 탐라백돈, 고원흑돈, 우리흑돈, 지례흑돈까지 총 여섯 가지 품종을 다루는 곳이었다. 매일 가게의 인스타그램을 통해서 어떤 품종을 먹을 수 있는지 확인할 수 있다. 이때는 '난축맛돈 상등심'이 있어서 바로 외쳐보았다.

주문과 동시에 고기는 튀김옷을 입고 기름에 들어간다. 보통은 기름에 넣으면 보글보글 끓지만 이곳은 저온으로 튀기기 때문에 사우나에 몸을 담근 사람처럼 조용했다. 레스팅까지 다 마친 돈가스가 드디어 모습을 드러냈다. 만화속 음식처럼 맛있는 색감이었다. 한 입 베어 물었을 때 함박눈을 밟고 지나는 듯했다. 바삭함만 남긴 채 사르르 녹아버렸다. 그 후에 난축맛돈의 깊은 고기향이 몰아쳤다. 저온카쓰의 매력을 한껏 뽐내는 돈가스였다.

한 가지 메뉴로는 아쉬워서 '안심카츠'를 추가로 외쳤다. 곁들임으로 말돈소금과 유즈코쇼, 산쇼즈케, 궁채장아찌가 나왔다. 다른 가게와 비교해도 다양한 편이다. 우선 겨자와 말돈 소금 조합으로 먹었다. 유즈코쇼는 상등심보단추가로 외친 안심과 더 잘 어울렸다. 산쇼즈케는 청양고추와 쌀누룩, 간장을혼합하여 만든 것으로 마지막 몇 조각에 곁들이니 고소하면서 살짝 매콤한 맛이 났다. 산쇼즈케를 얹은 돈가스를 씹을 때 밥도 먹어주면 마지막 돈가스까지완벽하게 타파할 수 있었다. 돈가스 맛도 좋고 가게의 분위기도 좋아서 데이트하기 좋은 가게다.

팁

여러 품종이 있어서 고민될 땐 사장님께 그날의 가장 좋은 고기를 추천받자.

여러 가지 곁들임이 나와 나만의 조합을 만들기 좋다.

하나만 맛보기 아쉬운 사람은 안심카츠를 추가하자.

오사카멘치
삼산
울산광역시 남구

울산을 돈가스 향기로
채워나가는 가게

극상로스카츠 정식

주소 울산 남구 왕생로72번길 19 1층
대중교통 대회강역에서 비스로 14분
운영 시간 11:30-21:00
　　　　　 (브레이크 타임 15:00-17:00)
웨이팅 난이도 하
추천 메뉴 및 가격 극상로스카츠 정식 16,000원
평균 가격대 14,000원

울산에만 네 곳에 자리를 잡고 있는 돈가스 가게로, 그중 본점인 오사카멘치 삼산에 왔다. 비가 많이 왔지만 오픈 시간이 되자 어디선가 사람들이 나타나면서 가게를 꽉 채웠다. 오픈 이후로는 적당하게 몰렸다. 메뉴판에는 '극상 로스카츠 정식'이라는 설레는 단어가 있었다. 몇 초가 지났을까 한정이라는 말을 듣고 누구보다 빠르게 극상로스카츠 정식과 사이드 메뉴로 '수제 멘치카츠'를 외쳤다.

핑크빛의 극상로스카츠 정식이 나왔다. 흔히 특등심라고 불리는 돈가스였다. 물 반죽을 써서 씹자마자 바삭한 소리가 귀에 강렬하게 울려 퍼졌다. 돈가스에 간이 되어 있어서 소금을 곁들이지 않아도 맛있었다. 가게에 배치된 후추를 뿌려서 먹거나 함께 나온 와사비를 곁들여서 먹었다. 궁채장아찌와 고들빼기 무침이 나왔는데 돈가스와 먹었을 때 맛의 균형을 잡아줘서 끌리듯이 계속 먹게 됐다.

수제 멘치카츠 종류에는 일반 멘치카츠와 치즈를 추가한 멘치카츠가 있었다. 일반을 시켜서 먹었지만 치즈를 추가하면 더 만족할 수 있을 것 같았다. 우선 멘치카츠 역시 물 반죽을 이용해서 바삭함이 도드라졌다. 덕분에 속 재료가 더 부드럽게 느껴졌다. 매콤한 소스가 같이 나와서 느끼하지 않게 먹을 수 있었다. 둘이 가서 한 조각씩 나눠 먹기 딱 좋은 사이즈였다.

촉촉하고 고소한 멘치카츠.

팁

담백한 맛을 좋아한다면
'로스카츠 정식'을 추천한다.

느끼해진다면 후추를 뿌리자.

탐돈

울산광역시 남구

**일식과 경양식으로 남녀노소를
모두 사로잡은 돈가스**

경양식카츠

주소 울산 남구 왕생로66번길 28
대중교통 태화강역에서 버스로 13분
운영 시간 11:30-20:30
　　　　　　　(브레이크 타임 15:30-17:00 / 화 휴무)
웨이팅 난이도 상
추천 메뉴 및 가격 경양식카츠 14,000원
평균 가격대 14,000원

이곳은 울산에서 많은 사랑을 받는 돈가스 가게다. 사람이 정말 많아서 한 시간 정도를 기다리니 자리에 앉을 수 있었다. 메뉴에는 일식뿐만 아니라 경양식 돈가스도 있었다. 신기한 마음에 '경양식카츠'와 '등심카츠'를 모두 외쳤다.

튀김옷이 특별한 등심카츠가 등장했다. 등심카츠의 튀김옷은 아름다운 황금색이었고 빛깔이 정말 좋았다. 한 입을 베어 물자 단단한 식감이 인상적으로 느껴졌다. 단단하지만 육즙이 고기 사이사이에 자리 잡고 있어서 촉촉했다. 튀김옷의 향은 개성이 강했다. 롯데리아 치즈스틱 튀김옷을 먹는 듯한 향이 풍겼다. 생각보다 중독성이 있고 개성도 있어서 기억에 남았다. 소금과 와사비를 함께 올려서 먹는 것이 가장 좋았다.

┌ 황금빛이 나는 튀김옷.

팁

웨이팅이 있을 땐 매장 내 키오스크로 주문하고 기다리면 된다.

┌ 부드러움과 부드러움의 조화.

일식 돈가스에 경양식을 접목한 경양식카츠가 나왔다. 경양식카츠는 잘리지 않은 등심과 안심 각각 한 조각씩 나왔다. 돈가스 위에 데미글라스 소스가 아름답게 뿌려져 있었다. 칼로 등심부터 잘라보니 촉촉한 등심이 보였다. 고기의 촉촉함과 소스의 촉촉함이 어우러지면서 목 넘김까지 부드러웠다. 안심은 옆에 있던 매시트포테이토와 소스를 얹어서 함께 먹었는데 잘 어울리니 안심 위에 가득 얹어서 먹는 것을 추천한다.

아테네
레스토랑
경상북도 영주시

**영주에 왔다면
꼭 들러야 할 돈가스 맛집**

돈까스

주소 경북 영주시 영주로231번길 13
내 교통 영수역에서 버스로 9분
운영 시간 11:10-16:00
　　　　　　(홀수 주 일, 짝수 주 월 휴무)
웨이팅 난이도 중
추천 메뉴 및 가격 돈까스 12,000원
평균 가격대 12,000원

경북 영주에 소문난 경양식 돈가스가 있다고 해서 찾아갔다. 가게는 옛 향기가 잘 느껴지는 분위기였다. 오픈 시간이 되니 하나둘 자리가 채워졌다. 손님이 몰릴 땐 웨이팅도 생겼다. 분명 거리에 사람들이 별로 없었는데 아테네레스토랑은 북적거렸다. 돈가스의 맛이 더 궁금해지는 순간이었다. 다양한 메뉴를 보다가 가장 기본적인 '돈까스'를 외쳤다.

옛 경양식 돈가스 가게에 가면 필수로 있는 것들이 있다. 맛있는 수프, 접시밥, 케요네즈 샐러드다. 이곳은 이 모든 게 다 나왔다. 이 구성으로 나온다면 맛은 검증된 것과 다름이 없다. 크림 향이 진한 수프부터 만족스러웠다. 접시밥과 샐러드는 돈까스와 함께 나왔다. 돈가스는 건식 빵가루로 튀겨져서 고슬고슬하게 바삭했다. 고기가 얇게 잘 펴져 있었다. 소스는 단맛이 나면서 엄청나게 깊은 풍미가 느껴졌다. 입안에 감칠맛이 휘몰아쳤다. 처음 느껴보는 낯선 맛이지만 달콤하고 매력적인 소스였다.

┌ 음식이 다 나오면 한상 가득 차려진다.

팁

주문한 메뉴 개수만큼 음료나 커피 등의 디저트 주문이 가능하다.

┌ 돈가스가 물려갈 때면 샐러드와 함께 먹자.

경양식을 먹을 때는 자신만의 조합을 찾으면서 먹는 것을 추천한다. 접시밥을 가득 떠서 돈가스와 먹어보았다. 확실히 탄수화물이 주는 행복함이 있었다. 단연 최고는 케요네즈 샐러드와 함께 먹는 돈가스였다. 케요네즈만의 새콤달콤함과 양배추의 아삭함이 돈가스와 잘 어울렸다. 거기에 마카로니 샐러드도 살짝 얹어서 먹었더니 하루 종일 행복함이 가득할 것만 같았다. 마카로니 샐러드가 모자랄 땐 리필 코너에서 더 담을 수 있었다. 덕분에 마지막 한 조각까지 맛있었던 조합으로 즐겼다.

카츠카키
진주본성동점
경상남도 진주시

**진주성 앞까지 풍기는
돈가스 냄새**

상로스카츠

주소 경남 진주시 남강로651번길 9-1 1층
내숭교통 신수역에서 버스로 30분
운영 시간 11:30-20:00
　　　　　　(브레이크 타임 14:30-17:00 / 월 휴무)
웨이팅 난이도 중
추천 메뉴 및 가격 상로스카츠 16,000원
평균 가격대 14,000원

경치가 좋은 진주성 근처에 맛있는 일식 돈가스 가게가 있다는 소문을 듣고 진주성으로 바로 향했다. 진주성을 둘러보면서 여유롭게 가게에 도착했다. 전화 예약을 하고 가니 바로 앉을 수 있었다. 가게는 생각보다 쾌적하고 넓었다. 바로 자리에 앉아서 '상로스카츠'와 사이드 메뉴로 '네기치즈카츠'와 '히레카츠'를 외쳤다.

고온에 잘 튀겨진 상로스카츠가 나타났다. 사장님이 돈가스를 써시는 장면을 지켜보면서 감탄했다. 고온에서 잘 튀겨진 황금빛 튀김옷과 아름다운 선홍빛 고기가 마치 그림 같았다. 튀김옷은 고온에서 튀겨진 덕분에 바삭함이 잘 살아 있었다. 반면 그 속의 고기는 수육처럼 부드러웠다. 마지막 목 넘김까지 부드러운 돈가스였다. 다 먹은 후에 고소함과 고기 향이 쭉 느껴졌다. 두 조각쯤 남았을 때 튀김옷 부분에 트뤼프 오일을 찍은 뒤 겨자를 묻혀서 먹었다. 트뤼프 오일만 찍으면 고기 향보다 트뤼프의 향만 강하게 느껴졌을 것 같은데 겨자가 트뤼프의 향과 돈가스를 잘 이어주었다.

⌜ 겨자와 트뤼프의 엄청난 조합.

팁

트뤼프 오일을 카레에 살짝 넣으면
트뤼프 향이 나는 맛있는 카레가 된다.

⌜ 파가 있어 독특하면서 질리지 않는다.

사이드 메뉴들이 나왔다. 먼저 네기치즈카츠를 먹어보았다. 치즈 위에 얇게 썬 파가 올라가 있었다. 치즈의 짭짤하고 고소한 맛이 훅 들어오고 파의 향긋함이 깔끔하게 마무리해줬다. 히레카츠는 익힘이 좋아서 부드러웠다. 안심 위로 말돈 소금을 살짝 뿌려서 고기의 맛을 끌어올려 먹어보길. 더불어 후추를 곁들여서 향의 층을 쌓아서 먹는 것도 추천한다.

윳쿠리

경상북도 포항시

영일대해수욕장 근처
최고의 선택지

히레카츠

주소 경북 포항시 북구 삼호로265번길 8-5
내통교통 포항역에서 버스로 24분
운영 시간 11:00-20:00
　　　　　　(브레이크 타임 15:00-17:00 / 화 휴무)
웨이팅 난이도 중
추천 메뉴 및 가격 히레카츠 14,000원
평균 가격대 14,000원

포항 영일대해수욕장 근처에서 꾸준히 돈가스를 만들어온 곳이다. 그만큼 돈가스에 진심이라고 느껴지는 가게였다. 문을 열고 들어가 메뉴판을 보니 돈가스 메뉴는 세 개뿐이었다. 오로지 돈가스만 집중한다고 느껴져서 신뢰가 갔다. 윗쿠리에서 가장 인기가 많은 '히레카츠'와 등심파라면 지나칠 수 없는 '특로스카츠'를 외쳤다.

히레카츠를 추천하는 이유는 바로 알 수 있었다. 먹기도 전에 촉촉함이 눈에 보였는데 젓가락으로 살짝 들었더니 머금고 있던 육즙이 흘러나왔다. 운동인들의 근손실 걱정처럼 돈가스의 육즙 손실을 막기 위해 바로 입에 넣었다. 씹자마자 입안이 촉촉해질 정도의 풍부한 육즙이 느껴졌다. 안심 본연의 맛만 느껴도 충분히 좋았다. 그릇이 비워질 때쯤 다시 외치고 싶었다.

고기 향이 은은하게 감도는 특로스카츠도 안심과 마찬가지로 촉촉함이 눈에 잘 보였다. 돈가스를 집었을 때 고기가 흐물거리는 게 느껴졌는데 이건 근막까지 야들야들하게 익었다는 증거다. 씹을 때 거슬리는 식감이 하나도 없었다. 그러면서 입안에 고기 향이 한껏 놀다 갔다. 지방층은 와사비와 곁들여서 먹었다. 등심 부위는 가게의 추천대로 와사비를 소스에 섞어서 먹었더니 달달함 속에서 와사비의 찡한 맛이 느껴져 색달랐다.

[질긴 느낌이 하나도 없었던 특로스카츠.

팁

특로스카츠는 테이블당 1인분만 주문이 가능하다.

[소스와 와사비는 꼭 섞자.

197

카츠닉

경상북도 포항시

대형 카페 사이에 피어난
돈가스 가게

특로스카츠 정식

주소 경북 포항시 북구 해안로445번길 13 1층
대중교통 포항역에서 버스로 37분
운영 시간 11:30-20:00
　　　　　　(브레이크 타임 15:00-17:00 / 월 휴무)
웨이팅 난이도 하
추천 메뉴 및 가격 특로스카츠 정식 16,000원
평균 가격대 15,000원

포항 대형 카페 거리에서 고소한 냄새를 풍기는 곳이다. 원래는 같은 이름으로 서울 상수역 근처에서 장사했는데, 2023년 12월에 사장님의 고향인 포항으로 내려왔다고 한다. 대형 카페가 많은 곳답게 카츠닉도 대형 카페처럼 상당히 크다. 가게는 바 테이블과 넓은 테이블이 열 개 정도 있다. 손님이 앉을 공간이 충분한 것이 장점이라고 생각했다. 자리에 앉아서 메뉴를 고민하다가 '특로스카츠 정식'과 '메밀소바'를 외쳤다.

큼지막한 돈가스가 나왔다. 특로스카츠 정식에는 특로스카츠 외에 안심 두 조각도 같이 나왔다. 기쁜 마음으로 안심부터 먹어보았다. 익힘이 딱 좋았고 튀김옷에서 감칠맛이 느껴져서 매력적이었다. 특로스카츠의 퀄리티를 기대하게 만드는 안심이었다. 특로스카츠에서 가장 큰 조각을 집었다. 젓가락으로 바삭함이 느껴졌다. 돈가스는 모래알처럼 입자가 작고 바삭했다. 그 후 고기 본연의 향이 잘 느껴졌다. 숙성이 잘된 특로스카츠였다. 튀김옷의 맛과 향이 고기와 잘 어우러져서 돈가스에 곁들임이 없어도 충분히 맛있었다.

┌ 한 조각이 큼직하게 나온다.

팁

근처에 카페가 많아서 돈가스를 먹은 후 들러서 소화를 시키기 좋다.

┌ 감칠맛이 입에서 폭발하는 소바.

같이 외친 메밀소바가 나왔다. 메밀소바 국물은 수제 쓰유였고 가다랑어가 수천 마리 들어간 것 같은 진한 맛이었다. 면을 국물에 찍어 먹은 후 돈가스를 곁들이니 완벽한 돈가스를 더 완벽하게 먹을 수 있었다. 소바와 돈가스의 조합은 역시 싫어할 수가 없는 조합이다. 샐러드에 트뤼프 오일을 뿌렸다. 트뤼프 향이 가미된 샐러드와 돈가스를 함께 먹으니 은은하게 퍼지는 트뤼프의 향이 튀김옷의 향과 잘 어울렸다.

배가 불러도
돈가스는 남김없이 먹으리

5장

광주·전라도

토토로

매운맛으로 스트레스를 타파할 수 있는 곳

광주광역시 광산구

카라이카츠

주소 광주 광산구 소촌로 100 모아엘가아파트 상
      기등 102호
대중교통 광주송정역에서 버스로 15분
운영 시간 11:00-21:00
          (일 휴무)
웨이팅 난이도 하
추천 메뉴 및 가격 카라이카츠 13,000원
평균 가격대 13,000원

광주를 돌아다니다가 비범한 가게를 찾았다. 아파트 상가에 있는 정말 평범해 보이는 가게였는데, 메뉴판을 보았을 때 숨은 보석을 찾은 기분이었다. 철판 위에 나오는 돈가스 메뉴로 파채가 올라가서 파닭처럼 먹는 '파파카츠' 와 매콤해 보이는 '카라이카츠'가 있었다. 어떤 메뉴를 시켜도 다 맛있을 것만 같았다. 오랜 고민 끝에 매운맛이 끌려서 카라이카츠를 외쳤다.

지글지글 끓으면서 연기를 내뿜는 돈가스가 나왔다. 카라이카츠는 가게의 비법 카라이 소스가 뿌려진 숙주 위로 돈가스와 볶음 김치가 얹어져 있었다. 어떻게 먹을지 고민하다가 아귀찜을 먹을 때 콩나물을 먼저 먹으면서 준비를 하는 것처럼 숙주를 먼저 먹어봤다. 아삭하고 매콤하게 중독성이 있어 숙주만 따로 먹어도 맛있었다. 카라이 소스는 삼겹살을 먹을 때 같이 먹는 콩나물무침의 맛도 살짝 나면서 상당히 매웠다. 신라면을 능가하는 매움이었다. 김치의 식

돈가스, 숙주, 볶음 김치를 한 번에 먹어야 맛있게 먹을 수 있다.

감은 푹 익은 듯하다가 조금 아삭해 김치찜을 먹는 듯한 느낌이었다. 김치의 새콤함이 맛을 더 풍부하게 해줘서 카라이카츠를 더 매력적이게 만들어줬다.

땀이 날 정도로 매웠지만 한번 먹으면 끊을 수 없는 맛이라 계속 젓가락질을 하게 만들었다. 돈가스는 씹는 맛이 있으면서도 촉촉함이 살아 있었다. 퍽퍽함이 없어서 계속 행복하게 즐길 수 있었다. 볶음 김치와 숙주, 돈가스를 다 같이 먹는 것이 가장 조화롭게

즐기는 방법이었다. 밥이 계속 들어가는 '밥도둑' 같았다. 매콤함과 새콤함, 돈가스의 고소함까지, 입안에서 축제를 연 기분이었다. 매운맛을 중재하려고 추가로 시킨 '수제왕새우튀김'은 직접 손질한 새우를 튀겨서 그런지 새우 향이 진했다. 타르타르소스를 듬뿍 찍어 먹으니 입안에 소화기를 뿌린 것처럼 입안이 평온해졌다. 카라이카츠를 먹는다면 새우튀김을 함께 외치는 것을 추천한다.

팁

브레이크 타임은 없지만 재료 준비 중일 수 있으니 전화를 해보고 가는 것이 좋다.

새우가 두툼해서 돈이 아깝지 않다.

카에돈

광주광역시 동구

광주에서 즐기는
난축맛돈 돈가스

난축맛돈 상로스카츠

주소 광주 동구 동계천로 143-26 101호
대중교통 문화전당역 4번 출구에서 13분
운영 시간 11:30-21:00
(브레이크 타임 15:00-17:00 / 월 휴무)
웨이팅 난이도 중
추천 메뉴 및 가격 난축맛돈 상로스카츠 18,000원
평균 가격대 14,500원

광주에서 다양한 품종을 먹을 수 있다고 해서 찾아간 곳이다. 오픈 시간에 맞춰서 방문했더니 바로 입장이 가능했다. 품종은 돼지고기 브랜드 중 하나인 탐라애돈과 난축맛돈이 있었다. 난축맛돈을 광주에서 발견하니 기분이 들떴다. 반가운 마음에 바로 '난축맛돈 상로스카츠'를 외쳤다.

한눈에 봐도 부드러워 보이는 돈가스가 나왔다. 먹기 전부터 난축맛돈의 고기 향이 코끝을 건드렸다. 저온으로 튀긴 튀김옷 색도 밝아서 더 기대가 됐다. 실패할 수가 없는 돈가스라는 직감이 왔다. 한 입 먹자마자 아주 잘게 조각나듯이 씹히는 튀김옷과 부드러운 고기 덕분에 바로 웃음이 나왔다. 돈가스를 씹을 때는 난축맛돈의 버터 같은 진한 고기 향과 약간의 단맛이 파도처럼 밀려와서 확실히 맛있는 돈가스를 먹고 있다고 느꼈다. 난축맛돈은 실패를 할 수 없는 품종이 아닐까 생각하게 되었다.

맛있는 돈가스를 더 맛있게 즐겨보자. 말돈 소금을 얹어 먹었다. 예전에는 히말라야 소금이 유행했는데 요즘은 말돈 소금이 유행인 것 같다. 소금의 작은 결정들은 고기에 스며들고 큰 결정은 입속에서 바삭하게 씹혀 강렬한 인상을 받을 수 있었다. 와사비 위에 미리 말돈 소금을 뿌려놓고 같이 얹어 먹으면 더할 나위가 없었다. 마지막으로 깊은 맛이 있는 돈지루(일본식 돼지고기 된장국)로 입을 깔끔하게 마무리했다.

팁

웨이팅은 매장 안 중앙에 있는 캐치테이블로 하면 된다.

⌈ 와사비 위에 소금을 미리 뿌려두면
⌊ 최고의 조합으로 편하게 먹을 수 있다.

⌈ 돈가스와 와사비는 환상의 짝꿍.

필링돈까스
용봉본점
광주광역시 북구

월남쌈으로
즐기는 돈가스

건강 쌈돈까스(2인)

주소 광주 북구 설죽로 297 2,3층
대중교통 광주역에서 버스로 24분
운영 시간 11:30-21:00
　　　　　　 (브레이크 타임 14:30-17:00 / 월 휴무)
웨이팅 난이도 하
추천 메뉴 및 가격 건강 쌈돈까스(2인) 35,000원
평균 가격대 17,000원

돈가스가 월남쌈 재료로 제공되는 곳이라고 해서 찾아갔다. 가게는 2층과 3층으로, 3층은 대기 장소로 사용하고 있어서 편하게 기다릴 수 있었다. 들어가서 가장 궁금했던 '건강 쌈돈까스(2인)'를 외쳤다. 라이스페이퍼로 돈가스를 말면 어떤 느낌일지 궁금해하며 돈가스를 기다렸다.

　　뜨거운 물과 라이스페이퍼가 나왔다. 그 후 거대한 그릇에 다양한 채소와 큼지막한 돈가스 두 장이 나왔다. 강렬한 비주얼에 놀랐다. 돈가스는 크기가 너무 커서 보기만 해도 포만감이 느껴졌다. 라이스페이퍼 위에 쌈무, 양배추 등 다양한 채소와 돈가스를 넣었다. 그렇게 말았더니 쫀쫀하고 먹음직스러운 월남쌈이 만들어졌다. 라이스페이퍼의 쫄깃함을 느끼다 보면 돈가스의 바삭함이 노크를 했다. 특히 라이스페이퍼 안에 돈가스 두 조각을 넣어서 먹으면 바삭함과 고소함이 배가됐다. 쫄깃함과 바삭함이 친구가 될 수 있다는 것을 깨달았다. 새콤한 무쌈이나 파인애플도 잘 어울려서 월남쌈을 싸 먹을 때마다 계속해서 넣었다.

⌐ 돈가스를 싸 먹는 신기한 경험.

팁

채소는 추가금 없이 리필할 수 있으니 푸짐하게 싸서 먹자.

⌐ 소스는 콕
　찍어 먹자.

　　소스는 총 세 가지가 나왔다. 돈가스답게 돈가스 소스가 있었고, 치즈 소스와 칠리 소스도 있었다. 초반에는 돈가스에 돈가스 소스를 묻혀 월남쌈을 만들었는데 따로 찍어 먹는 편이 더 편했다. 특히 칠리 소스는 돈가스 월남쌈과 '전생의 연인'처럼 잘 어울렸다. 채소가 가득 들어간 월남쌈은 아삭해 한 입에 다양한 식감을 느낄 수 있어서 즐거웠다. 파인애플은 같이 넣어 먹어도 좋았지만 후식처럼 마지막에 즐기는 것도 좋았다.

이레돈까스

전라남도 순천시

곰도 사람으로 바꿀 정도로
마늘이 가득한 돈가스

철판마늘등심

주소 전남 순천시 팔마로 115-1 2층
대중교통 순천역에서 노보로 3분
운영 시간 11:10-19:00
　　　　　　(평일 브레이크 타임 15:00-16:00 /
　　　　　　일 휴무/ 토요일은 15:50까지 영업)
웨이팅 난이도 하
추천 메뉴 및 가격 철판마늘등심 14,000원
평균 가격대 13,000원

칠게로 유명한 순천에 왔다. 순천역에서 내리자마자 보이는 다양한 칠게 특산품을 제쳐 두고 돈가스 가게로 향했다. 순천역 오른쪽에서 간판이 보였다. 가게는 2층이었고 오픈에 맞춰서 바로 들어갔다. 이곳은 저온카쓰와 마늘을 이용한 돈가스로 유명한 곳이다. 둘 다 놓칠 수가 없어서 '안심(150~160g)'과 '철판마늘등심'을 외쳤다. 이곳은 안심과 등심을 중량에 따라 판매해서 배고픈 정도에 따라 선택하기 좋았다.

음식이 나오기 전부터 마늘 향이 가게에 퍼졌다. 철판마늘등심은 철판 위에 등심 돈가스와 마늘 소스가 가득 뿌려진 양배추가 올려져서 나왔다. 우선 마늘 소스와 양배추를 곁들이기 전, 등심부터 따로 먹어보았다. 예상한 것처럼 돈가스의 속살이 무척이나 부드럽고 향긋했다. 저온으로 튀겨진 새하얀 돈가스를 순천에서 즐길 수 있다는 것에 너무 행복했다. 이제 마늘 소스가 잔뜩 뿌려진 양배추와 함께 곁들여봤다. 난생처음 먹어보는 돈가스였다. 마늘의 알싸함과 소스의 달달함이 한데 어우러졌다. 마늘 향에 중독되어서 돈가스 위에 계속 마늘 건더기를 가득 얹어서 먹었다. 순천에서만 먹을 수 있었던 이색적이고 매력적인 돈가스였다.

안심도 뒤이어서 나왔다. 150g 정도만 시켰지만 양이 괜찮았다. 안심 역시 하얀 튀김옷을 입고 있었고 단면은 모두 선홍빛을 띠고 있었다. 레스팅이 정말로 완벽한 수준이었다. 연신 감탄을 하면서 한 입 먹어보았다. 입속에서 살살 녹는다는 감각을 정확하게 알게 되었다. 부드러움이 어떤 것인지 보여주는 안심이었다. 튀김옷은 안심의 부드러움을 감싸주는 역할을 했다. 안심을 절반 정도 먹은 이후에는 마늘 소스를 하나 추가했다. 차가운 마늘 소스에 바로 안심을 깊숙이 담갔다. 마늘의 알싸함이 돈가스와 완벽한 궁합을 자랑했다.

하얀 옷을 입고 등장한 안심.

어떤 돈가스를 먹든
마늘 소스를 꼭 경험해야 한다.

팁

마늘 소스는 선택이 아닌 필수다.

돈카츠흑심
본점

전라북도 전주시

흑심을 품고 만든
매력적인 돈가스

로스카츠 정식

주소 전북 전주시 완산구 전라감영2길 27-1 1층
대중교통 진주고속버스터미널에서 버스로 18분, 전
　　　　　주역에서 버스로 26분
운영 시간 11:00-21:00
　　　　　(브레이크 타임 15:00-17:00 / 월 휴무)
웨이팅 난이도 중
추천 메뉴 및 가격 히레카츠 정식 13,000원 /
　　　　　로스카츠 정식 12,000원
평균 가격대 13,000원

돈카츠흑심은 오래전부터 전주 사람들의 많은 사랑을 받은 가게로, 벌써 전주에 세 곳의 매장이 있다. 가게가 오픈하면 다들 어디선가 나타나서 자리에 앉기 시작한다. 금세 자리가 꽉 차고 웨이팅이 생겼다. 돈가스를 먹기 전부터 인기를 체감해버려 맛이 기대되기 시작했다. 돈가스 가게의 기본이라고 할 수 있는 '로스카츠 정식'과 '히레카츠 정식', 사이드 메뉴에서 가장 눈에 띄었던 '에비카츠산도'까지 외쳤다.

로스카츠 정식과 히레카츠 정식이 등장했다. 엄청난 맛의 향연보다는 더도 말고 덜도 말고 딱 기본을 잘 챙긴 돈가스였다. 고소하고 바삭한 튀김옷과 촉촉한 고기, 기본에 아주 충실했다. 등심은 부드러움 속에 씹는 맛이 느껴졌고, 곁들임 중 겨자와 잘 어울렸다. 안심은 누구나 만족할 선홍빛으로 무장했고, 부드럽고 폭신하게 씹혔다. 전체적으로 히말라야 핑크 소금으로 간을 해서 즐겼다. 돈가스를 다 먹어갈 때쯤 곁들임으로 나온 산고추 절임을 먹어 깔끔하게 마무리했다.

폭신폭신함의 정석인 히레카츠.

팁

트뤼프 오일을 묻힌 뒤 히말라야 핑크 소금을 찍으면 풍부한 맛을 경험할 수 있다.

비주얼은 단순해 보이지만 맛은 어마어마한 에비카츠산도.

사이드로 시키기 좋은 '에비카츠산도'다. 새우를 튀겨서 빵 안에 넣었으니 맛이 없을 수가 없었다. 새우와 함께 타르타르소스가 듬뿍 발라져 있어 상큼하면서도 크리미했다. 산도는 목에 잘 넘어갈 정도로 부드러우면서도 빵의 겉면은 살짝 구워져 있어서 씹을 때 색다른 색감을 느낄 수 있었다.

카츠모리조

품종 카드를 모으면
히든 메뉴를 외칠 수 있는 곳

전라북도 전주시

난축맛돈 리브로스카츠

호은농장 듀록 히레카츠

남영버크셔 상로스카츠

히든 메뉴

주소 전북 전주시 완산구 선너머2길 26 2층
대중교통 전주고속버스터미널에서 버스로 30분,
　　　　　전주역에서 버스로 40분
운영 시간 11:30-21:00
　　　　　(브레이크 타임 15:00-17:00, 토, 일, 공
　　　　　휴일 브레이크 타임 없음)
웨이팅 난이도 중
추천 메뉴 및 가격 남영버크셔 상로스카츠 19,000원
평균 가격대 19,500원

수많은 유튜버들이 다녀간 돈가스 가게다. 2층에 위치한 가게에 들어가면 편안하게 기다릴 수 있는 웨이팅 전용 공간도 마련되어 있었다. 이런 작은 섬세함이 이 가게를 재방문하게끔 만드는 것 같다. 웨이팅을 끝내고 가게로 들어가면 바 테이블로 되어 있는 고급스러운 공간이 나온다. 수프가 세팅되어 있었고, 웨이팅 때 미리 외친 '난축맛돈 리브로스카츠' '남영버크셔 상로스카츠' '호은농장 듀록 히레카츠'가 준비되어 있었다.

다양한 품종을 비교하면서 먹었다. 듀록 히레카츠는 안심으로 먹어서 엄청난 맛보다는 기본을 지킨 탄탄한 맛이었다. 안심은 생각보다 고기 향은 연해서 제비꽃 향이 은은하게 나는 게랑드 소금과 함께 즐기면 좋았다. 난축맛돈 리브로스카츠를 먹으니 특유의 버터 같은 고기 향이 입안을 강하게 강타했다. 처음부터 끝까지 강렬한 맛을 느낄 수 있었다. 남영버크셔의 상로스카츠는 식감이 단단했고, 고기 향은 처음부터 느껴지지 않고 목 넘김 이후에 은은하게 찾아왔다. 버크셔의 매력을 확실하게 느낄 수 있었던 돈가스였다.

[쫀득함과 바삭함의 조합인 모찌카츠.

히든 메뉴와 사이드 메뉴까지 경험했다. 히든 메뉴는 메뉴마다 나오는 품종 카드를 다섯 장 모으면 받을 수 있고 메뉴는 수시로 달라진다고 한다. 히든 메뉴는 일본의 부타노카쿠니(돼지고기 찜 요리)를 돈가스로 재해석한 삼겹살 돈가스였다. 먹물 빵가루의 고소함과 삼겹살의 기름짐, 파채의 상큼함이 잘 어우러졌다. 사이드 메뉴에는 찹쌀떡을 김에 싸서 튀겨주는 '모찌카츠'가 있었다. 같이 나온, 달콤하면서 짭짤한 소스에 찍어 먹으니 일본의 단고를 먹는 듯했다. 이색적인 사이드 메뉴였다.

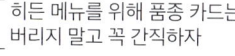

[히든 메뉴를 위해 품종 카드는
[버리지 말고 꼭 간직하자

팁

각각 다른 종류로 품종 카드 다섯 장을 모으면
히든 메뉴를 외칠 수 있으니
여럿이서 다양한 품종을 외치는 것을 추천한다.

카츠소바미누

전주에서 발견한 숨은 진주

전라북도 전주시

순종 버크셔 안심카츠

주소 전북 전주시 완산구 서원로 196 1층
대중교통 전주고속버스터미널에서 버스로 25분,
            전주역에서 버스로 40분
운영 시간 11:10-20:30
            (브레이크 타임 14:30-17:00 / 화 휴무 /
            토·일요일은 20:00까지 영업)
웨이팅 난이도 하
추천 메뉴 및 가격 순종 버크셔 안심카츠 15,900원
평균 가격대 15,500원

전주 이곳저곳을 돌아다니다가 우연히 발견한 돈가스 가게다. 정말 다양한 돈가스를 먹어봤어도 항상 돈가스 가게를 보면 설레는 이 감정은 주체를 할 수가 없다. 내부는 상당히 캐주얼하고 넓었다. 메뉴는 테이블에서 바로 주문이 가능했고 '순종 버크셔 안심카츠'와 '임실치즈카츠' '자루소바'를 외쳤다. 돈가스를 기다리는 동안 계속해서 배달 주문이 끊이지 않길래 더욱 기대가 됐다.

선홍빛이 강렬한 순종 버크셔 안심카츠가 나왔다. '안심을 보고 안심이 되었다'라는 오래된 개그가 생각이 났다. 예쁘게 튀겨진 선홍빛의 돈가스가 반겨줬다. 상당히 큰 쟁반 위로 큼지막한 접시 위로 돈가스와 곁들임이 가득 차려져서 나왔는데, 임금님이 수라상을 받는다면 이런 기분이었을까 싶었다. 우선 안심 한 조각을 입안 가득 한 번에 넣었다. 부드러움이 확 느껴졌다. 안심이 부드러운 건 당연하지만 이 정도로 완벽한 부드러움을 느끼는 건 쉽지 않은 일이다. 순간의 레스팅이 안심의 식감을 좌우하기 때문이다. 이 정도 맛이면 오픈 전이라도 줄을 설 수 있을 것 같았다. 웨이팅이 없어서 오히려 좋기도 한 가게였다.

임실치즈카츠가 나왔다. 임실치즈로 만들어 전라도의 특성을 잘 살린 메뉴였다. 치즈가 향도 좋고 정말 잘 늘어났다. 함께 주신 미트 소스와 함께 곁들이면 토마토의 향이 더해지니 시카고 피자를 먹는 듯했다. 돈가스의 짝꿍이라고 할 수 있는 자루소바도 같이 먹어보니 가게 이름에 왜 카츠와 소바가 다 들어갔는지 알 수 있었다. 시원한 소바와 잘 튀겨진 돈가스 한 점이면 이 가게를 사랑하게 된다.

팁

돈가스에 감자 샐러드를 얹고 소스를 묻혀서 먹으면 스테이크를 먹는 듯한 느낌을 낼 수 있다.

[소스를 잔뜩 얹어 먹으면
  양식 느낌이 난다.

[판에 나오는 면을 국물에
  먹을 만큼 담가서 돈가스와 함께 먹자.

첫 조각은 설렘이고
마지막 조각은 아쉬움이다

6장

제주

리릭

제주도 제주시

아라동을 책임지는
육즙 가득 돈가스

특모듬카츠

주소 제주 제주시 아란9길 25 1층
대중교통 제주국제공항에서 버스로 35분
운영 시간 11:20-20:20
　　　　　　(평일 브레이크 타임 15:00-17:00, 토 브
　　　　　　레이크 타임 15:30-17:00 / 일 휴무)
웨이팅 난이도 하
추천 메뉴 및 가격 특모듬카츠 17,000원
평균 가격대 14,500원

제주도 아라동을 지나다니면 한 아파트 앞에서 돈가스 가게를 찾을 수 있다. 아파트 앞에 돈가스 가게가 있다는 것은 아파트 주민들에게 엄청난 행운이라고 생각한다. 오픈과 동시에 방문했더니 한두 팀 정도가 이미 자리에 있었다. 가게는 생각보다 넓고 자리가 많아서 웨이팅이 생기진 않았다. 특등심과 안심을 모두 먹을 수 있는 메뉴가 있길래 자연스럽게 손가락이 향했고 '특모듬카츠'를 마음속으로 크게 외쳐보았다.

특모듬카츠가 나왔다. 특등심과 안심을 모두 맛볼 수 있어서 먹기도 전에 기분이 좋았다. 안심은 부드럽게 씹혀 특등심도 기대하게 만들었다. 안심을 빠르게 해치우고 특등심으로 넘어갔다. 지방층부터 가브리살, 등심 부분을 한입에 넣어 우걱우걱 씹어 먹었다. 씹을 때마다 좋은 고기 향이 입안에 퍼졌다. 제주 사람들에게 사랑받는 이유가 있다.

특등심에 말돈 소금을 뿌려 더 맛있게 즐겼다. 찍어 먹는 것보다 뿌려 먹는 게 고기에 소금이 더 잘 붙어서 이 방법을 좋아한다. 그렇게 먹으니 말돈 소금의 큰 결정들이 바삭하게 씹히면서 돈가스 간이 보충돼서 좋았다. 지방층에는 와사비를 얹어서 먹으니 느끼함이 가라앉아 더 맛있었다. 12시 정도가 되니 모든 테이블이 꽉 찼다. 동네 주민들에게 사랑받는 가게임이 확실했다.

⌈ 와사비를 충분히 얹자.

팁

오픈 시간에 맞춰서 가면
바로 먹을 수 있다.

⌈ 이렇게 찍어 먹는 것보다 뿌려 먹어야
⌊ 적당하게 간을 맞출 수 있다.

식당
마요네즈

제주도 제주시

재방문을
할 수밖에 없는 가게

등심, 안심 돈카츠

주소 제주 제주시 다랑곳3길 18
대중교통 제주국제공항에서 버스로 24분
운영 시간 11:00-21:00
　　　　　　(브레이크 타임 15:00-17:00 / 일 휴무)
웨이팅 난이도 중
추천 메뉴 및 가격 등심, 안심 돈카츠 14,500원
평균 가격대 13,500원

마요네즈를 사랑하는 가게에서 돈가스를 잘한다는 소문을 듣고 찾아가보았다. 가게 간판에 마요네즈가 적혀 있어서 찾기 어렵지 않았다. 운이 좋게 웨이팅을 피해서 들어갔다. 마요네즈를 이용한 여러 음식들을 제치고 '등심, 안심 돈카츠'를 외쳤다. 시그니처 메뉴라고 쓰여 있어서 더욱 기대가 됐다. 가게 한쪽에 보이는 수많은 마요네즈를 보면서 돈가스를 기다렸다.

돈가스 비주얼은 단골을 예약하고 싶을 정도였다. 익힘이 좋아 보이는 등심에 안심 두 조각이 얹어져서 나왔다. 황금빛이 나는 튀김옷도 먹음직스러웠다. 안심과 등심 지방층에서 드러난 윤기가 아름다웠다. 우선 안심부터 먹어보았다. 첫입에 느껴지는 깔끔한 바삭함이 인상 깊었다. 씹으면서 느껴지는 은은한 고기 향까지 만족스러웠다. 고기 향이 강하게 느껴지는 등심은 말돈 소금을 곁들여서 제대로 맛을 즐겼다. 와사비와 겨자를 지방층에 곁들여 느끼함을 살

스테이크를 먹는 것처럼 감자 샐러드를 가득 올리면 색다르게 먹을 수 있다.

짝 눌러줘도 괜찮았다. 생각보다 가장 좋았던 조합은 반찬으로 나온 감자 샐러드를 돈가스에 듬뿍 얹고 소스에 찍어 먹는 것이었다. 등심과 안심 모두 잘 어울렸고 소고기 스테이크를 먹는 것처럼 느껴졌다. 생각보다 중독성이 있어서 감자 샐러드를 계속해서 리필했다.

팁

주말엔 대기 시간이 길 수 있으니 평일에 방문하는 편이 좋다.

아란치니 위에 얹어진 마요네즈가 킥이다.

돈가스와 함께 또 다른 시그니처 메뉴인 '화이트 라구 아란치니'도 외쳤다. 돈가스 한 입에 아란치니 한 입을 먹을 생각이었다. 튀김과 튀김이 만나면 더 행복해지기 때문이다. 아란치니엔 갈릭라이스와 모차렐라치즈가 들어 있었다. 밑에 깔린 소스의 토마토 향이 아란치니와 잘 어울렸고, 토마토의 산미가 맛의 균형을 잡아줬다. 그 후로 느껴지는 바삭함도 좋았다. 마지막에는 아란치니 위에 살짝 얹어진 트뤼프 마요네즈의 향이 퍼지면서 입안에 여운이 남았다. 등심 한 입에 아란치니 한 입을 먹으면서 생일이라도 된 듯 신나게 즐길 수 있었다.

키친요디 본점

제주도 제주시

치즈 폭포가 쏟아지는 돈가스

라클렛치즈돈가스

주소 제주 제주시 동화로1길 53-13 1층
대중교통 세수국제공항에서 버스로 40분
운영 시간 11:30-21:00
　　　　　　(평일 브레이크 타임 15:00-17:00 /
　　　　　　매주 일, 매달 마지막 주 월 휴무 /
　　　　　　토요일은 17:00까지 영업)
웨이팅 난이도 하
추천 메뉴 및 가격 라클렛치즈돈가스 19,000원
평균 가격대 15,000원

치즈가 엄청나게 쏟아지는 돈가스가 있다고 해서 달려가보았다. 가게는 일반 가정집 같아 보였다. 현관문을 열고 들어가니 돈가스의 고소한 향이 퍼지고 있었다. 이곳에선 스위스 라클레트처럼 치즈를 돈가스 위에 가득 덮어주는 메뉴가 있다. '라클렛치즈돈가스'를 발견하자마자 바로 외쳤다. 먼저 나온 옥수수 수프를 먹으면서 메뉴를 기다렸다.

돈가스와 함께 사장님도 왔다. 우선 돈가스의 튀김옷은 밝아서 고온에서 튀긴 것 같지는 않았다. 사장님은 메뉴 설명을 해주시면서 하우다(고다)치즈를 직접 부어주셨다. 돈가스 위로 치즈가 폭포처럼 떨어졌다. 그 모습은 이때까지 경험했던 돈가스 퍼포먼스 중 가장 최고였다. 돈가스와 치즈를 함께 먹어보았다. 치즈의 풍미가 깊고 맛은 짭짤해서 돈가스에 별다른 간 없이도 아주 맛있게 먹을 수 있었다. 함께 나온 웨지감자와 즐겨도 좋았다. 이제까지 많은 치즈 돈가스를 먹어봤지만 이렇게 고급스러운 치즈의 향이 느껴지는 돈가스는 처음이었다.

여러 가지 방법으로 즐길 수 있는 메뉴였다. 돈가스를 외치면 빵이 함께 나온다. 이 빵에 치즈와 돈가스를 넣어서 가쓰산도처럼 먹을 수 있다. 치즈의 고소한 풍미, 돈가스의 바삭함과 튀김의 향이 빵과 잘 어우러졌다. 치즈만 먹으면 느끼할 것 같아서 '매운나고야카레'도 외쳤다. 치즈를 잔뜩 껴안고 있는 돈가스에 곁들이니 카레의 감칠맛 덕분에 질리지 않고 계속해서 손이 갔다. 치즈가 살짝 굳었을 때 카레에 담가두면 다시 부드러워졌다. 제주도에 온다면 또다시 들러서 먹고 싶은 맛이었다.

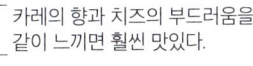

팁

본점 이전을 계획 중이니 가기 전에 위치를 꼭 확인하자.

가쓰산도를 만들 때 웨지감자도
같이 넣으면 맛이 더 풍부해진다.

카레의 향과 치즈의 부드러움을
같이 느끼면 훨씬 맛있다.

토모

제주도 제주시

함덕해수욕장 근처 최고의 돈가스 가게

(흑)안심카츠

주소 제주 제주시 조천읍 신북로 586 1층
대중교통 세수국제공항에서 버스로 1시간
운영 시간 11:00-19:30
       (브레이크 타임 15:00-17:00 / 화 휴무)
웨이팅 난이도 하
추천 메뉴 및 가격 (흑)안심카츠 14,000원
평균 가격대 13,500원

함덕해수욕장에서 바다를 즐기다 배고픔이 느껴져 돈가스 가게를 찾아보았다. 해수욕장에서 멀지 않은 곳에 새로 생긴 돈가스 가게가 있었다. 빠르게 가게로 달려갔다. 가게는 테이블과 바 테이블이 모두 있어서 생각보다 넓게 느껴졌다. 메뉴를 보니 백돼지와 제주 흑돼지를 취급하는 가게였다. 백돼지는 일반 빵가루에 튀겨져서 나오고 흑돼지는 검은 빵가루에 튀겨져서 나온다고 했다. 빵가루의 색으로 구분하는 것이 신기하고 재밌었다. 특등심도 맛있어 보였지만 안심이 너무 궁금해서 '(흑)안심카츠'로 외쳤다.

돈가스가 나오자마자 감탄했다. 고소한 향과 함께 등장한 돈가스는 익힘이 엄청났다. 검은 빵가루 덕분에 고기의 익힘이 더 돋보이는 듯했다. 맛없을 수가 없는 비주얼이었다. 접시에는 돈가스 소스를 비롯해서 홀그레인 머스터드, 와사비, 말돈 소금이 있었다. 아무것도 묻히지 않고 한 입 먹어보았다. 안심을 씹을 때마다 육즙이 계속해서 입안에서 뿜어져나왔다. 먹물을 이용해 만든 검은 빵가루도 한몫을 했다. 씹을 때마다 튀김옷의 고소함이 잘 느껴졌다. 덕분에 고기도 더 고소하게 느껴져서 기분 좋게 먹을 수 있었다.

팁

┌ 소스를 제외한 곁들임이 네 가지나 나온다.

말돈 소금을 돈가스에 전체적으로 뿌린 뒤에 홀그레인 머스터드를 곁들여서 먹자.

┌ 재료를 아끼지 않은
└ 꾸덕한 카레.

곁들임이 많아서 각 조각마다 각기 다른 방법으로 즐길 수 있었다. 우선 홀그레인 머스터드를 얹어서 먹었다. 홀그레인 머스터드의 새콤한 풍미가 돈가스와 찰떡궁합이었다. 와사비와 말돈 소금은 역시나 돈가스를 더욱 매력적으로 만들어줬다. 흑돼지로 만든 안심은 말돈 소금과 홀그레인 머스터드가 가장 잘 어울려서 어느 순간부터 계속해서 같은 조합으로 먹었다. 돈가스 곁에 빠질 수 없는 카레가 생각나 사이드 메뉴인 '작은 카레'도 외쳤다. 고기가 가득하고 양파의 단맛이 강하게 올라오는 카레였다. 밥을 비빈 후 안심과 함께 즐기면서 맛있게 식사를 마무리했다.

후카후카

제주도 제주시

산을 올라가야 먹을 수 있는 돈가스

히레카츠

주소 제주 제주시 애월읍 항파두리로 148
내술교통 제주국제공항에서 버스로 1시간 10분
운영 시간 11:00-16:30
　　　　　　(수 휴무 / 토·일요일은 17:30까지 영업)
웨이팅 난이도 하
추천 메뉴 및 가격 히레카츠 13,000원
평균 가격대 10,500원

제주도에서도 저온카쓰를 맛볼 수 있다고 해서 찾아간 곳이다. 돈가스 가게로 가는 버스는 계속 산으로 향했다. 항몽유적지를 지나서 산자락에 내렸다. 정류장에서 조금 더 올라가니 입간판이 보였다. 돈가스 가게 중에서 가장 힘들게 찾아간 느낌이었다. 내부엔 생각보다 테이블이 많았고 통유리로 경치가 한눈에 보였다. 이곳은 오직 안심 부위만 판매했다. 산자락에서 먹는 안심은 어떨지 기대가 됐다. 바로 '히레카츠'를 외치고 배고픔을 달래기 위해 '사케동'까지 외쳤다.

　　히레카츠가 정갈하게 나왔다. 튀김옷이 밝아서 제대로 찾아왔다고 생각했다. 안심 옆으로는 녹차 소금과 홀그레인 머스터드, 돈가스 소스가 있었다. 우선 밥과 미소시루로 배를 진정시킨 뒤 안심 한 조각을 들었다. 육즙이 흘러넘칠 것 같은 돈가스였다. 조각들이 작은 편이라 한 입에 집어넣었다. 부드럽고 육즙이 풍부했고 튀김옷은 사르르 녹는 것 같았다. 가게 이름을 왜 후카후카로 하셨는지 알 것 같았다. 일본어 '후카후카'는 폭신폭신하다는 의미인데 안심 한 조각에 바로 깨달을 수 있었다. 안심은 같이 나온 홀그레인 머스터드와 먹는 것이 가장 잘 어울렸다. 같이 나온 레몬을 살짝 뿌려 먹으면 입안을 깔끔하게 해줘서 좋았다.

사케동에는 두툼한 연어가
충분하게 올려져 나온다.

　　같이 외친 사케동은 다시마로 직접 숙성한 연어로 만든다. 연어의 겉면에서 윤기가 반짝거렸다. 단촛물 밥이 아래 깔려 있어서 우선 밥을 얹은 후 간장에 연어를 찍어서 밥 위에 얹어서 먹었다. 연어가 기름져서 와사비를 가득 얹어서 먹으면 맛의 균형이 잡혔다. 먹다 보면 밥이 살짝 남을 수도 있는데 이때는 돈가스와 곁들이면 된다. 단촛물 밥 위에 안심 한 조각을 얹어서 돈가스 초밥처럼 즐겼다. 밥에 간이 되어 있어서 부족한 느낌 없이 맛있게 먹을 수 있었다.

팁

마지막 두 점 정도는 레몬을 뿌린 뒤
홀그레인 머스터드와 즐기면 좋다.

밥이 남았다면 돈가스 초밥으로 먹자.